2023年河南省哲学社会科学规划年度项目"黄河治理赋能共同富裕实现的内在机理和路径选择研究"（项目编号：2023CJJ169）成果

中国流域
水环境治理的元问题及元治理研究

马 宁◎著

U0309883

中国经济出版社
CHINA ECONOMIC PUBLISHING HOUSE
·北京·

图书在版编目（CIP）数据

中国流域水环境治理的元问题及元治理研究／马宁
著 . --北京：中国经济出版社，2024.6
ISBN 978-7-5136-7778-3

Ⅰ．①中… Ⅱ．①马… Ⅲ．①水环境-流域治理-研
究-中国 Ⅳ．①X143

中国国家版本馆 CIP 数据核字（2024）第 103355 号

责任编辑　夏军城
责任印制　马小宾
封面设计　任燕飞

出版发行　中国经济出版社
印 刷 者　北京艾普海德印刷有限公司
经 销 者　各地新华书店
开　　本　710mm×1000mm　1/16
印　　张　12.25
字　　数　170 千字
版　　次　2024 年 6 月第 1 版
印　　次　2024 年 6 月第 1 次
定　　价　88.00 元

广告经营许可证　京西工商广字第 8179 号

中国经济出版社 网址 http://epc.sinopec.com/epc/ **社址** 北京市东城区安定门外大街 58 号 邮编 100011
本版图书如存在印装质量问题，请与本社销售中心联系调换（联系电话：010-57512564）

前言 | PREFACE

习近平总书记指出，"保障水安全，关键要转变治水思路，按照'节水优先、空间均衡、系统治理、两手发力'的方针治水"。我国流域水环境治理先后经历科层机制、市场机制和网络机制三种治理机制。科层机制是通过命令解决交易主体之间讨价还价的不确定性，但理想状态的实现需要基于中央政府掌握全面信息、强效监督、行政费用为零的前提假设，因此，科层机制不免会出现失灵情况；市场机制通过产权交易和市场竞争，虽可以较好地规制导致"公共池塘资源"枯竭的机会主义消费行为，但由于完全竞争与完备信息的缺失，市场机制也会失灵；网络机制则鼓励多元参与、冲破公私划分、模糊府际边界形成社会资本，但多元主体参与在缺乏规制的情况下易出现"九龙治水"下的"群龙无首"现象。

元治理，即"对治理的治理"，包括三个要件：①承认授权与分权；②意识到中央控制与指导的必要性；③趋向于对公共部门的行为环境进行控制。元治理从更高层面统筹科层机制、市场机制和网络机制，将多种治理机制整合并产生蝶变效应。流域水环境治理的复杂性和中国的政治体制决定了元治理在解决流域水环境治理元问题过程中可行且必要。本书基于元治理的视角对流域水环境治理进行研究，有两大创新：①构建了元治理理论分析框架；②对元治理在流域水环境治理中的作用进行了实证检验。基于理论分析框架、借助实证工具，本书得出以下结论。

第一，在流域水环境治理中应用元治理可行且必要。首先，流域水环境治理问题具有复杂性、公共性、流动性等特点，单一的治理机制无法应对。其次，强调政府作为"同辈中的长者"的元治理更适用于中国国情。最后，流域水环境治理已进入多元共治时代，可能会出现各部门责任边界模糊、义务不明，职能越位、错位、缺位等问题。应用元治理可统筹治理权限，防患于未然。

第二，元治理分析方式可精准定位治理的元问题。流域水环境治理的元问题主要表现在两个层面：①公用资源池视角下无明确产权边界引致的成本效用错配；②多重委托—代理框架下的激励冲突。在第一个层面，成本和效用都没有被清晰地度量，行政边界割裂效应明显。在第二个层面，"自上而下"的纵向动员式资源配置模式，往往为地方创设了大量财政支出义务，这样的安排不可持续；横向上财政分权带来的地方政府竞争恶化了资源配置和使用，加剧了公用资源池矛盾。在政府内部，横向上环境保护目标和财政收支目标存在冲突；纵向上缺乏"公共池塘治理"的协商机制和路径。

第三，元治理政策工具可保障元问题的有效解决。政府在决策制定、参与、协调和问责四个方面的优势决定了其更有力量解决当前的元问题。基于流域水环境治理的特性，找到既能提供有效控制和引导，又能使管理对象保留一系列活动的自我决定权的元治理工具十分重要。目前，"战略管理""绩效管理""软法""预算、人事和法律准则"四个元治理工具能在一定程度上解决流域水环境治理的元问题。

目录 | CONTENTS

第 1 章

绪论

1.1 选题背景及意义

1.1.1 选题背景

2015 年 2 月，习近平总书记在主持召开中央财经领导小组第九次会议时指出："保障水安全，关键要转变治水思路，按照'节水优先、空间均衡、系统治理、两手发力'的方针治水，统筹做好水灾害防治、水资源节约、水生态保护修复、水环境治理。"水是人们生产、生活的最基本需求，良好的水环境是最公平的公共产品、最普惠的民生福祉。但我国工业化起步晚、起点低，发展经济的初级方式让流域水环境付出了高昂代价，流域跨区域的特征又增加了治理的难度。所以，基于流域水环境的特征，定位治理中存在的元问题，找到适宜的解决对策是一项功在当代、利在千秋的事业。

一、现实背景：流域水环境的跨区域特征

从 2006—2018 年进行的七次全球环境绩效指数（EPI）测评结果来看，中国一直处于靠后位置，人与自然的关系呈现紧张的对峙状态（见表 1-1），透支环境红利使可持续发展难以为继。当前，环境污染类型按要素可分为大气污染、土壤污染和水体污染，在三种主要污染中，以水体污染最为严峻，波及范围最广、治理难度最大，是全球共性问题。

表 1-1　2006—2018 年全球环境绩效指数 (EPI) 中国排名

指标	2006 年	2008 年	2010 年	2012 年	2014 年	2016 年	2018 年
得分	56.20	65.10	49.00	—	43.00	65.10	50.74
中国排名（位）	94	105	121	116	118	109	120
参与国家数量（个）	133	149	163	132	178	180	180

资料来源：Yale Center for Environmental Law & Policy。

水系统包括地表水、地下水、近海海域、植被土壤，以及大气等相关生态环境，是工农业生产、经济发展不可替代的自然资源。然而，人类真正能够利用的淡水资源仅仅约为地球总水量的 0.26%。[1] 1987 年，世界环境与发展委员会发布的报告《我们共同的未来》提出："水资源已经成为 21 世纪新的全球性问题。"[2] 中国同样面临水资源紧缺问题，2012—2017 年，中国人均水资源量约为 2000 立方米，仅为世界平均水平的 1/4，被列为世界少数人均水资源贫乏的国家之一（见表 1-2）。因此，避免对水资源敲骨吸髓式的掠夺盘剥，已然成为新时期社会各界密切关注的重要话题。

表 1-2　2012—2017 年中国水资源总量、人均水资源量、用水总量

指标	2012 年	2013 年	2014 年	2015 年	2016 年	2017 年
水资源总量（亿立方米）	29529	27958	27267	27963	32466	28675
人均水资源量（立方米）	2186	2060	1999	2039	2355	2068
用水总量（亿立方米）	6131	6183	6095	6103	6040	6090

资料来源：《2018 中国统计摘要》。

流域是水资源的主要承载形式，流域的特质包括整体性、区段性、开放性。整体性是指流域内各自然要素联系极为密切，而且上中下游、干支流、各地区之间的相互制约、相互影响极其显著。流域内的任何局部开发

---

[1]　中国大百科全书总编辑委员会. 中国大百科全书·水利 [M]. 北京：中国大百科全书出版社，1993.

[2]　WCED. Sustainable development and water: statement on the WCED report "Our Common Future" [J]. Water International, 1989, 14 (3): 25.

和社会活动，均需考虑流域整体利益，以及给流域带来的影响和后果。区段性是指因流域跨度大，构成巨大横向纬度带或纵向经度带，上中下游、干支流在自然条件、自然资源、地理位置、经济技术基础和历史背景等方面均有较大差异，从而表现出流域的区域性、差异性和复杂性。开放性是指流域是一种开放型的耗散结构系统，内部子系统间协同配合；同时，系统内外进行大量的人、财、物、信息交换，具有很大的协同力和促进力，形成一个有生命力的经济系统。

中国拥有黄河水系、长江水系、珠江水系、松花江水系、淮河水系、海河水系、辽河水系七大水系，这些水系贯穿东、中、西部地区，跨越不同的行政区域。各种废水、污水若得不到有效处理，污染就会由点到线、由线成面蔓延。根据生态环境部发布的《2017年中国环境状况公报》，2017年，全国地表水1940个水质断面（点位）中，优质（Ⅰ~Ⅲ类）断面1317个，占67.9%；Ⅳ类、Ⅴ类462个，占23.8%；劣Ⅴ类161个，占8.3%。上游一旦过度开采、水质污染，下游就会受其影响。各省、区、市为了充分发展，必须不断开发利用各种资源，尤其是流域水资源。若流域水资源的使用率不超过生态循环的补给率，并将污染控制在流域自净能力内，则流域水环境可以保持长期平衡。但问题恰在于此：流域在经济学意义上是一种典型的"公共池塘资源"，兼具非排他性和竞争性特征，因此在使用上存在"拥挤效应"。在缺乏恰当的制度安排时，单个区段的水资源使用者从自身利益出发，往往采取不合作策略，对流域水资源进行过度提取或者推卸流域水污染治理责任，进而导致整个流域水环境的恶化。

二、理论背景：单一治理机制的低效与元治理的出现

治水要"两手发力"，政府"看得见的手"和市场"看不见的手"共同发挥作用。流域水环境是一项公共物品，传统的公共物品供给方式有科层机制、市场机制和网络机制三种。

科层机制下的流域水环境治理由纵向的（以层级方式出现）等级命令

指挥系统和横向的（平行职能部门形式）专业分工合作系统构成。纵向上指挥命令保证"自上而下"统一执行；横向上按照现代工业化社会的专业分工，体现效率。虽然依靠科层模式对流域水环境治理不乏成功经验，但Ostrom（2000）从制度主义视角分析了科层模式可能招致失败的原因。科层模式必须基于中央政府掌握全面信息、强效监督、制裁可靠和行政费用为零的前提假设，但这些条件在实际中很难完全具备。同时，只追求从上到下的命令控制会产生其他不良后果：①地方政府长时间被动接纳中央政府的规章，自主性会受到挤压；②在中国，若习惯采用中央集权的科层治理模式，有可能葬送前期分权式改革业已取得的成果。

流域水环境治理市场机制，假设当一种公共资源被转变为个人物品时，个人为了实现资产价值的最大化，会对这些物品进行谨慎的管理（Savas，2002）。此外，市场竞争带来的最大好处在于可以诱导竞争双方尝试新知识、新领域，为达到取悦服务对象的目的在竞争中揭示被遮蔽的信息，直到这些信息变成家喻户晓的通识。市场不是万能的，完全竞争和完备知识的前提并不存在，单纯的市场机制不免出现自然垄断、信息不对称、外部性等失灵状况，Wolf（1994）曾指出："如果听任市场自身运行，那么它产生的再分配将比它的效率更低。"

流域水环境的复杂性和利益主体的多元性，要求吸纳更多利益主体参与水环境治理和保护。公民社会的兴起和市场经济体制改革的推进为流域水环境的网络治理模式提供了条件。相对于科层机制和市场机制，网络机制对流域水环境的治理主体、治理手段、治理方法等进行了拓展和深化。一方面，排除了主要依靠"自上而下"单一等级制进行协调的可能性；另一方面，不依靠"看不见的手"的操作，具有治理主体多元化与治理手段多样性的优势。但是，网络治理机制的有效空间不是无限的。首先，网络机制因为参与者在追求私人利益过程中的机会主义行为可能导致交易灾难；其次，网络机制面临着因集体目标协调的复杂性而可能导致的高额官僚成本（Park，1996）；最后，网络机制的基础较为薄弱，网络的核心机制是基于长期合作和信任而形成的"社会资本",在不确定性因素及机会主义倾向等作用下,如果没有具体有效的制度,就不足以维持长久的合作。

科层机制、市场机制和网络机制对流域水环境治理都有一定的作用,但任何一种治理机制都存在失灵情况。英国学者杰索普(2003)提出了一种名为"元治理"(Meta-governance)的理论,强调从更高层面统筹科层机制、市场机制和网络机制,将多种治理机制整合并产生蝶变效应。同时,为了解决"九龙治水"而"群龙无首"的问题,元治理强调政府责任的回归,重塑政府在众多治理主体中"平辈中的长者"身份。元治理理论是基于对复杂性问题的反思而来。但是,目前学者对元治理的研究集中于概念的探讨,其意义与价值仍需实践检验。流域跨区域的现实背景与元治理理论发展的需求决定了本研究的必要性和重要性。

1.1.2 研究问题

面对流域水污染严峻的形势,以及流域跨区域特性的挑战,我们一直在寻找合适的解决方案。以往的思路是将流域水环境视为一项公共物品,依照公共物品的供给方式,分别从科层机制、市场机制和网络机制去找寻治理对策。虽然研究硕果累累,但流域水环境的现实问题依然严峻,一个关键原因在于问题解决的起点应始于对问题的准确把握。所以,本书的第一个研究问题是流域水环境治理的元问题是什么。

科层机制、市场机制和网络机制在流域水环境治理中虽然都具有一定的作用,但也存在失灵情形。元治理倡导的科层机制、市场机制和网络机制的相互配合在流域水环境治理中是否发挥作用,以及在理论工具与现实问题相匹配的情况下,该如何选择政策工具是我们需要进一步考虑的问题。因此,本书的第二个研究问题是元治理在流域水环境治理中的适用性,以及元治理视角下解决流域水环境元问题的政策工具有哪些。

1.1.3 选题意义

本书从元治理的视角分析中国流域水环境治理的困境生成机理，并提出元问题的解决之道，具备较强的理论意义与现实意义。

一、理论意义

第一，完善了元治理的理论分析框架。元治理作为一种前沿思想，当前研究较多地停留在元治理的概念评述上。一种思想若要蜕变为一套话语体系，就必须有完整的理论分析框架。本书在分析已有研究的基础上，构建了元治理分析框架。虽然该框架仍需不断完善，但对元治理理论的完善与发展具有重要意义。

第二，为元治理的作用发挥提供了实证检验。元治理作为针对具有多种参与主体的公共事务的治理方式，强调政府的主导作用，政府的身份更像是"同辈中的长者"。在公共资源治理中，各相关利益主体具有相同的、平等的地位，但政府承担更多的责任。当前这一描述更多的是理论上的推演，缺少实践的检验。流域水环境治理涉及政府、企业、非营利组织、公众等众多利益主体，这些利益相关者都有其利益偏好和目标函数，需要建立一个有组织、有规划、高效的元治理系统。元治理理论为流域水环境治理提供了理论和方法上的参照，流域水环境治理为元治理理论的发展推广提供了实证检验。

二、现实意义

第一，引入元治理工具，为流域水环境治理问题研究寻找新的突破口。元治理协调各利益主体之间的关系，为流域水环境治理提供了理论和方法上的参照。元治理主体通过制定规则，设计多元治理主体在纵向及横向关系上的协调管理方式，利用科层权威为协商谈判的自组织形式保驾护航：一方面解决了科层模式存在的僵化问题，弥补了市场化模式利益局部化的缺陷；另一方面为网络治理模式创设必需的制度条件。元治理模式的引入，帮助流域水环境治理跳出现有的选择困境另辟蹊径，创建了一种新型治理模式。

第二，有利于提高政府决策的科学性和民主性。流域水环境治理是一项复杂的系统工程，需要全盘考虑、统筹规划，实现水资源的可持续发展。对流域水环境元治理的研究，有利于我们在制定水环境公共政策的过程中，在权衡生态、环境、技术可行性、经济、社会、政治等变量因素基础上，充分考虑流域内相关利益者的利益，进行科学民主决策，提升流域水环境治理政策的科学性。

第三，有利于降低流域水环境治理政策的运行成本。元治理机制使各级政府、私营组织、第三方组织和公众共同参与流域水环境治理，促进环境治理协议的高效达成，这种协议或制度在某种程度上对流域内各行为者的环境行为形成制约和激励。元治理构建的组织结构和协议既能保证网络内相关协议与制度高效协同，也能降低水环境治理政策的运行成本，提高治理绩效。

1.2　国内外文献综述

流域水环境治理一直以来都是公共管理领域的研究热点，流域水环境是一项典型的公共物品，公共物品的提供与完善有三种机制，即科层机制、市场机制和网络机制，对当前国内外相关研究的视角总结见表1-3。

表1-3　国内外相关研究的视角总结

研究视角	治理问题解决方式	依旧留存的问题
科层机制	"自上而下"的委托代理	多重委托—代理框架下的激励冲突
市场机制	市场竞争与产权交易	
网络机制	多中心的治理网络	公用资源池视角下无明确产权边界引致的成本—效用错配

1.2.1 国外文献综述

国外流域水环境治理历经市场机制下的产权交易路径、科层机制下的行政控制路径、多元网络机制下的合作治理路径，背后演进逻辑在于早期流域水环境问题首先为经济学家（如 J. Logan，W. D. Hatfield）所关注，学科背景促使他们从市场机制的视角来解决环境污染的外部性问题。但市场机制在解决环境污染外部性问题方面作用有限、条件苛刻。因此，学者将研究方向转到政府机构运用行政命令手段限制水污染物排放上。但这会延长委托—代理链条，同时面临府际关系内生困境，研究焦点再一次转向多元网络合作治理的方式。

一、国外流域水环境治理市场机制研究

Coase（1960）指出，排污权可如普通商品那样进行交易，通过市场交易和竞争找寻流域水污染最佳解决之道。J. H. Dales（1968）从产权交易理论出发，论证水资源产权设置与生态环境破坏之间的关系，认为市场机制实际上是为了建立一种"小政府，大市场"的公共物品供给方式，最大化地排除政府在流域水环境治理中的直接干预。Montgomery（1972）通过理论推演验证了基于市场机制的排污权交易显著优于环境政策管控。随着研究的拓展深化，市场机制下排污权交易的市场势力及交易成本问题日益凸显。Burniaux（1999）指出，在排污权交易市场有两个方面影响完全竞争：一是成本最小化，即某些企业具备影响排污权交易价格的能力；二是排他性，即部分企业囤积排污交易权进而阻止竞争对手踏入产品市场。Stavins（1995）针对存在交易成本的排污权交易问题进行研究，指出因为交易成本的存在，边际治理成本与排污权的市场价格并不完全对等，有可能形成新的成本——效率均衡点，所以排污权的初始分配决定着治理效率。

根据微观经济学"社会福利"理论，市场机制能最大限度地提高总体福利水平。然而依据科斯定理，明确的产权界定是市场机制发挥作用的前提，谁来承担界定产权并监督交易执行的责任是紧跟其后的问题。Dales（1968）认为，政府应当界定水环境产权并监督产权交易机制运行。排污企业作为利益主体，在资源有限的条件下，怎样对排污企业进行有效的监督，确保其遵守排污准则，是市场机制研究的另一个重点。Godby（2000）则从实验经济学的角度指明政府在减轻垄断企业市场势力中的作用。

流域水环境利益相关者包括中央政府、地方政府、企业、居民，它们都有可能成为界定产权、监督产权交易机制运行的主体。这些主体根据法律或规章制度，基于流域水环境治理的相关事务形成纵横交织结构，履行职责和发挥作用。随后的流域水环境治理机制研究都是以产权确定和产权保护机制为逻辑基础展开。

二、国外流域水环境治理科层机制研究

Marc J. Roberts（1970）从经济学的角度论证了在流域水环境治理中，采用税收方式控制水污染物排放的效果并不明显。其通过分析流域水污染的自然属性，认为独自运行污水处理设施治理效果不佳，需要国家从制度层面变革当前治理模式，建立对全流域水质负责的流域管理机构。Harvey Lieber 和 Bruce Rosinoff（1975）以美国水污染控制法的制定过程为出发点，分析了法律在执行过程中遇到的来自州际、州政府及机构之间的障碍。基于对水污染控制法执行情况的调研，他们认为应用科层机制制定更高层面的联邦水污染控制法是必要且必需的。Gordon（2008）运用低层次合作、中层次合作、高层次合作的创新排位体系，评价了双边合作与多边合作的意义，界定了流域政府间合作的核心要素和利益相关者。Mandarano（2008）从美国各州流域水治理实践出发，认为政策制定者应该试图协调联邦政府与州政府之间的水利益冲突，以建立联邦政府与州政府之间的平衡关系。针对流域州际水冲突，Gerlak（2008）认为，在进行州际流域水资源管理时，往往有州的路径、联邦的路径及联合的路径，联邦项目和机

构可以为州际流域水资源治理的领导、资金、研究、技术能力等提供支持。Donahue（2008）通过梳理全美国不同州的水治理方式得出结论，假如需要一个更具凝聚力的全国水环境治理方法，以适应各区域在水、法律和社会经济方面的差异，就需要进一步强化州与联邦政府间的伙伴关系。Berry（2011）选取美国西部六条河流作为分析对象，对流域水环境治理中州际合作的成员构成、合作方式、合作动力、影响因素等进行了系统分析。

流域水环境管理体制的行政控制取向研究的逻辑起点是以联邦政府与州政府之间的权力配置为研究对象，强调政府在流域水环境治理中发挥着主导且唯一作用，依靠行政命令控制等手段。现代官僚体系是一个高度专业化的组织系统，精细分工后产生诸多职能部门；在管理方面具备"条"与"块"相结合的特点。因此，地方之间的利益冲突不可避免，政府不同职能部门间的职责权限冲突也时常发生。这些弊端迫使流域水环境治理从单纯的行政控制方式转向包括中央政府、地方政府、企业与社会公众之间的合作治理。

三、国外流域水环境治理网络机制研究

Nicholas P. Lovrich 等（1985）对不同民主社会中的水污染控制政策运行进行了比较分析，认为社会公众对水污染治理的态度明显影响水污染控制政策的运行效果。世界银行在《水资源管理文件》（1993 年）中指出，水资源管理应当遵从生态原则、机构原则和工具原则（the Dublin Principles）。其中，生态原则和机构原则都要求实现流域生态系统的综合管理，打破单一治理主体结构。T. E. Davenport（2005）强调了社会合作组织在美国流域管理中的积极作用。Paterson（2006）以梅特兰（Maitland）流域为例，调查了水资源保护框架的潜在协作管理；用利益相关者分析方法考察了该流域水资源保护的社会网络，分析了该社会网络在利益相关者的关系和交流方面的作用，描绘了该流域的社会网络图谱，列出了该流域的利益结构、学习与交流、协调与伙伴关系，提出了流域水资源保护的协作管理

框架。Choi（2007）以韩国放权之后的大坝政治学为例，对网络与多中心治理进行了研究，认为水资源供给的治理结构已由一个政策社区形式向问题网络形式转变，在问题网络形式中，成员包括不同的参与者；反坝组织在大坝建设中的作用明显，大坝的建设需要政府与不同反坝组织及其他相关利益者进行对话，得到其的支持。Luzi 等（2008）比较了尼罗河流域埃及与埃塞俄比亚两个国家水务部门的网络结构，并运用社会网络分析方法讨论水政策的设计和实施过程，提出了三种结果类型：第一种，整个网络密度和集中性指数；第二种，个体行为者的集中性指数；第三种，行为者种类及凝聚力群的密度指数。Robins（2011）分析了网络治理在复杂管理领域的作用，提出了有效网络治理的条件，包括能有效协调行为的网络治理结构、网络行为者关于目标与行为的相关协议，并结合澳大利亚斯旺河（Swan River）阐释了该河流网络治理的结构及其有效性。Smith（2012）以北卡罗来纳州农村城镇化进程中的水环境治理为例，综合运用水质评价工具分析流域管理不同参与者网络与流域规划及水质改善的关系，认为水质规划与网络强度存在密切联系。

四、国外流域水环境元治理机制研究

作为一个超前的治理工具，在当前的研究中，虽然没有直接提出流域水环境治理与元治理的结合，但是从以往的研究中可以看出流域水环境元治理的雏形。这方面的研究主要是对流域水环境三种治理机制各自的优缺点进行分析，普遍认为一种机制难以应对流域水环境治理的复杂性。

Lubell（1999）考察了治理时合作的作用和流域伙伴关系危机时制度创新的内在动力，涉及社会资本、领导和冲突解决能力等多个方面。Beach和 Hammer（2000）用制度经济学理论分析流域水环境治理，认为每个利益相关者都在自身利益最大化的基础上参与水环境治理，要实现治理的目标，关键在于利益相关者之间达成各方都可接受的协议，而协议的达成需要一个"主导者"。Akiko Yamamoto（2002）对比了三种流域水资源管理方式，从交易成本理论出发，对比了科层机制、市场机制和网络机制在达成协作方面的效果。最后得出结论：任何一种机制都不能解决复杂性问题，各种管理机制和观念的融合才能形成较为完善的流域管理制度。Dr. Nigel Watson（2004）认为，政府有效应对流域复杂性的能力有限，必须发展一种基于机构之间具有更强大回应性的协商系统，通过科学合理的制度安排，培养参与主体通过谈判达成共识的能力。

1.2.2　国内文献综述

在知网将关键词设置为"流域水环境"进行搜索，发现当前国内的相关研究可以分为两类：一类集中在工程技术方面，且占较大比重；另一类基于公共管理视角，相对前者数量较少。将关键词设置为"流域水环境治理"进行搜索，剔除工程技术方面的文献，经过关键内容比对，挑选出122篇文章，做出可视化分析，见图1-1。

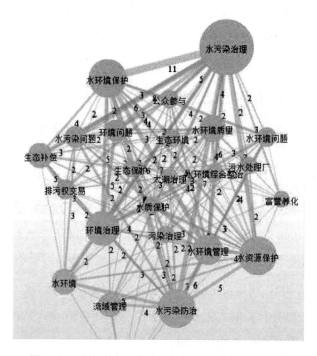

图1-1　"流域水环境治理"关键词共现网络图谱

一、国内流域水环境治理市场机制研究

王亚华（2005）从水权和水市场切入，结合制度经济学理论，回顾我国治水的历史变迁，分析了中国治水转型面临的挑战，预测未来前景，试图构建一个中国流域水环境治理框架。赵来军（2007）在《我国流域跨界水污染纠纷协调机制研究》一书中，以淮河为例，认为流域水污染纠纷的本质是利用流域环境资源过程中各地区之间的利益冲突问题，提出运用行政、税收和排污权交易等手段建立新的流域管理机制，协调各地区之间的利益冲突。

二、国内流域水环境治理科层机制研究

王树义（2000）通过对国内流域水环境管理体制弊端的评价分析，认为可以借鉴西方国家经验，扩大流域管理机构的权力范围。李启家和姚似锦（2002）从流域水环境资源要素多样性出发，提出流域管理"要素一体化、功能一体化"的理念，认为水环境资源应与经济、社会进行协同化管理。韩晶（2008）在大部制改革背景下提出了流域管理大部门体制设想，认为可以实行国家流域管理委员会和三级国家流域管理总局的行政体制。朱德米（2009）认为，流域水污染防治呈现跨地区和跨部门合作的特征，并以太湖流域水污染防治为例，从政策制定、政策执行和政策监督三个方面分析了跨部门合作机制的现实困境与化解合作困难的政策建议。徐兰飞（2011）分析了跨行政区水污染治理的属性特征、地方政府合作路径选择的优势、影响地方政府合作的因素、地方政府合作的机制等。

三、国内流域水环境治理网络机制研究

胡熠（2006）认为，在流域水环境治理中，网络机制可以有效弥补科层机制与市场机制的缺陷。王勇（2009）提出，流域政府间电子治理是府际治理协调机制的一种技术路径，可以增进流域政府间横向协调和对流域水环境的合作治理。周海炜等（2010）认为，涉水主体多元化是流域水污

染防治的客观要求，并在分析多元化参与的内涵和涉水主体的基础上，论证流域水环境网络治理机制的优势，阐述流域水环境网络治理的目标、决策机制、公众参与及监督机制，并提出相应的政策建议。易志斌（2012）论证了跨界水污染网络治理的必要性和可行性，分析了跨界水污染的网络治理机制及其相互关系。刘振坤（2012）在《流域公共治理主体行为分析》一文中指出，流域公共治理是一种网络化治理，其复杂性和整体性决定了任何单一主体都无法实现流域生态环境的有效治理，只有集结流域网络中的各点，编织成一个协商与合作的治理网络，才能实现流域政治、经济、社会和生态的协调可持续发展。胡若隐（2012）在《从地方分治到参与共治》一书中指出，现有的流域管理体制存在诸多不足，导致流域内众多利益主体集体行动困难；参与共治是对地方行政分割的流域水污染治理体制的创新，强调形成中央政府、地方政府、市场、非政府组织（NGO）和社会公众广泛参与流域水环境治理的合作机制。

四、国内流域水环境元治理研究

与国外一样，国内目前尚没有关于流域水环境元治理的文章，但一些研究仍为流域水环境元治理研究奠定了基础。马捷、锁利铭等（2010）的研究表明了建立兼具领导型网络与行政型网络治理结构的必要性，提出了依照"自上而下"的层级结构建立纵向权力层级，同时与各种利益组织集团横向交织的行动规则。胡熠（2013）在《流域区际生态利益网络型协调机制》一书中分析了流域区际生态利益结构及多元主体的行为特征，比较了科层机制、市场机制、自主治理机制和网络机制等流域治理制度的内容、技术条件及运作绩效等，探讨了我国流域区际生态利益网络型协调机制的基本框架和政策思路。李澄（2014）运用元治理理论对环境策略进行了研究。丰云（2015）以湘江流域地方政府间的合作治理为例，指出要改变湘江流域地方政府合作中的碎片化现状，必须以整体性治理理论为指导，基于协同发展的治理理念，塑造扁平化网络治理结构，建立垂直统一的治理体制。

1.2.3　文献评述

当前，针对流域水环境的治理，国内外学者分别从科层机制、市场机制和网络机制三个方面进行研究，这些研究将流域水环境视为一般公共物品，为未来的研究打下了坚实基础。科层机制依靠上下级政府的命令指示与同级不同部门间的专业分工，市场机制依靠产权交易，网络机制则依靠去中心的多元参与共同促进流域水环境治理。这些机制手段在一定程度上对解决流域水环境治理的困难提供了思路。流域水环境治理的困难主要体现在以下三个方面：首先，多层级管理下的委托—代理激励冲突。在科层机制模式下，纵向上"自上而下"的动员式资源配置为地方创设了大量财政支出，横向上区域因政治晋升竞争导致环境保护目标与经济发展目标的冲突。其次，流域的跨区域性导致"公共资源池资源"无明确产权边界，行政边界割裂明显。虽然市场机制利用产权交易、市场竞争对该问题进行回应，但是因成本与效用无法清晰度量，该机制部分失灵。最后，网络机制凭借多元参与形成流域水环境治理的社会资本，但中国公民社会发展并不完善，无向心力大大削弱了治理合力。

在流域水环境问题研究和实践中，技术决定论一度占据主导地位。当诺斯（Douglass C. North）把制度的力量推上舞台时，我们有必要思考"制度"与"技术"的这场对垒。一个较为中肯的结论是："技术有了，制度决定技术能走多远；制度对了，技术发明才会源源不断。"流域水环境危机的本质其实是治理的危机。充分考虑中国的政治、经济、社会条件会发现，科层机制、市场机制和网络机制在流域水环境治理中各有所长各有短板，三种治理机制在流域水环境治理当中不应该是替代与被替代关系。同时，当前对流域水环境治理主体的认定，国内外的研究已经达成共识，无论是政府、社会公益组织，还是企业、社会公众，都应该被纳入流域水环境治理，以多元主体参与应对复杂性问题。

看似完整系统的流域水环境治理研究，仍存在空白与不足：①虽然对科层机制、市场机制和网络机制的利弊分析完整，且提倡三种机制的有效结合，但如何结合，尤其是在何种理论指导下结合并未说明。②即便是公民社会发展充分的国家也开始反思多元主体参与，代表性观点是英国学者杰索普对政府在多元治理参与中"同辈中的长者"身份的重新确定。在中国的国情下，我们同样有必要反思网络治理多元参与"去中心化"带来的问题。③上述两个问题的解决看似与元治理理论相对应，但国内外尚没有将元治理同流域水环境治理相结合的文献，即便在一些如环境问题、政府机构改革研究中提到了元治理理论，认可了元治理的指导意义，也并没有就元治理下一步如何指导问题解决给出答案。研究不深入、不系统在一定程度上源自元治理理论本身。理论研究之所以有别于现实世界，是因为其有一套自成体系的语言和语法。运用这些高度凝练的语言和语法来概括现实世界，有助于人们对现实世界形成深刻的理性认知。当前，国内外对元治理的研究仍停留在概念明晰与作用推广上，并未形成一套完整的理论体系。缺少抽象和概括程度较高的理论话语，进而无法对研究对象进行深刻的理性把握。流域水环境治理研究放置在元治理视角下看似合情合理，但由于没有明确规范的元理论概念、理论体系与现实实践相对照，无法找到明确的理论工具，导致流域水环境治理研究难以创新。

基于上述，本书选定流域水环境治理作为研究主题，将其放置在元治理理论视角下，通过以下三个研究问题具体展开：①流域水环境元治理的必要性分析；②流域水环境元治理的绩效评价；③流域水环境元治理的政策工具实施。针对三个研究问题由表及里地论述了流域水环境治理中元治理发挥的作用，期望对上述三个问题的回答可以促进元治理理论发展与流域水环境治理困境化解双重目标的达成。

1.3 研究内容与方法

1.3.1 研究内容

本书致力于元治理视域下中国流域水环境治理的研究，在创新构建元治理理论分析框架的基础上，分析当前中国流域水环境治理困境生成背后的元问题，尝试找寻合适的治理工具解决问题。各章节的主要研究内容如下。

第1章是"绪论"。在水资源紧缺、流域水环境不断恶化的现实背景下，面对流域的跨区域特征，科层机制、市场机制和网络机制的治理均出现不同程度的失灵，元治理理论崭露头角并在一般治理问题中发挥一定作用，本章就流域水环境治理的现实困难与元治理理论的发展需要阐述了本研究的意义和重要性。确定了本书的两个研究问题：一是流域水环境治理的元问题是什么；二是元治理在流域水环境治理中的适用性，以及元治理视角下解决流域水环境元问题的政策工具有哪些。围绕研究问题确定本书的研究思路与方法，并指出创新之处与不足。

第2章是"理论基础、分析框架与核心概念"。本书的核心理论基础是元治理理论，本章对元治理理论产生的背景、元治理概念的提出与界定、元治理的必要性进行了详细阐述；同时，对分析流域水环境治理元问题时用到的其他相关理论（如社会资本理论、组织结构理论、公共选择理论、公共信托理论）进行了简要介绍。理论分析框架不仅决定了理论能否形成话语体系，还决定了本书的研究走向。本章提出了元治理理论的分析框架，包括"结果"和"过程"的元治理、"元治理者"的确定、元治理政策工具，这是本书的一大创新之处。此外，本章对研究中涉及的流域水环境、流域水环境元治理等核心概念进行了界定。

第 3 章是"中国流域水环境治理的现状及存在的元问题"。本章回顾了流域水环境治理中科层机制、市场机制与网络机制治理的方式，梳理得出导致当前流域水环境治理效果不佳的元问题在于元制度设计中单一治理机制同问题复杂性的冲突。结合流域水环境治理主体间关系的博弈过程来看，元问题具体表现为两个方面：一是公用资源池视角下无明确产权边界引致的成本—效用错配；二是多重委托—代理框架下的激励冲突。

第 4 章是"元治理：流域水环境治理元问题化解的新途径"。本章通过科层机制、市场机制和网络机制三种机制的协调整合，以及政府责任的重新归位，说明元治理在解决流域水环境元问题时可行且必要。元治理既是一种理论，又是一种机制工具，它的形成需要从多个方面去塑造：本章首先总结影响国外培养塑造元治理机制的因素，包括信任、适应、协调、整合、维护等；其次基于中国的国情，讨论如何让元治理理论更好地在中国落地开花。

第 5 章是"中国流域水环境元治理的实证分析"。本章是本书的第二个创新点。一种理论能否形成有力的话语体系，在于其能否禁得住实践的检验。从元治理的概念出发，第一个层面的"结果"就是元治理是三种机制的有效协调，科层机制对应政府治理力、市场机制对应市场化程度、网络机制形成社会资本。三种机制转化为三个可测量的解释变量，被解释变量为流域水环境治理成效，进而构建指标体系测度流域水环境治理指数，建立结构方程；选取 2012—2017 年的数据进行回归分析，检验元治理与流域水环境治理之间的关系。

第 6 章是"中国流域水环境元治理的政策工具框架及优化路径"。流域水环境元治理作为一种治理方式必然有适当的治理工具，本章从政府直接影响治理主体和政府间接影响治理主体两种作用方式来分析，将"防"与"治"相结合，细化出流域水环境元治理的政策工具框架，并分别检验每项工具对流域水环境治理的作用，扬长补短，优化完善。

1.3.2 研究方法

（1）文献研究法。通过对国内外相关文献进行搜集、整理、归纳和总结，一方面厘清了研究中所需界定的关键概念；另一方面从中找出带有普遍性的问题和有价值的观点，作为研究的文献支撑。

（2）博弈论方法。流域水环境治理本质上是众多相关利益主体不断调整策略以达到保护自身利益的目的，进而在宏观上形成统一的行动规范。由于众多利益主体的非完全理性和信息不对称，集体策略的调整是通过众多参与主体间的相互学习与模仿来实现的，针对流域水环境治理困境生成机理的研究势必通过博弈论的方法来完成。

（3）制度分析法。借鉴西方制度主义学派的思想，在研究流域水环境治理困境生成机理时，将相关利益主体的行为选择纳入制度环境进行考察，着重从制度层面探讨困境生成的原因。在对流域水环境元治理的实施机制进行讨论时，也通过制度分析法完善相应的正式与非正式制度。

（4）实证研究法。在提出元治理这一新的治理思想过程中，研究沿着"元治理构建高水平的社会资本，高水平的社会资本有利于流域水环境治理绩效"的逻辑假设，采用结构方程中的 MIMIC 方法测算了 2010—2017年 260 个地级以上城市的社会资本水平，并实证考察了社会资本对流域水环境治理绩效的影响程度、两者之间的非线性关系以及制度异质效应，目的是论证元治理理念应对流域水环境治理困境的有效性。

（5）案例研究法。分析加拿大流域水环境治理的个案做法，并总结其经验，为构建中国流域水环境元治理工具和机制提供借鉴。

1.3.3　技术路线

流域水环境元治理研究思路如图1-2所示。

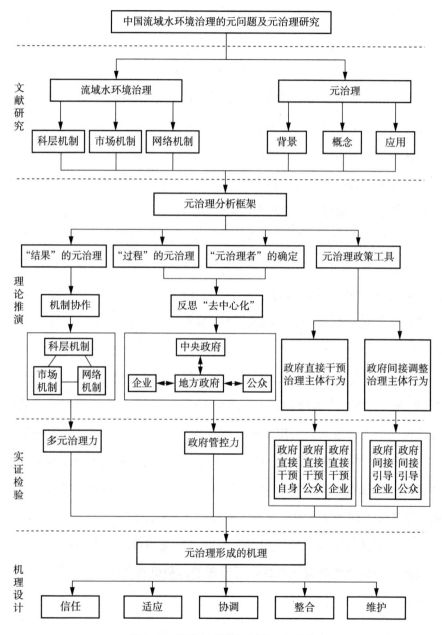

图1-2　流域水环境元治理研究思路

1.4 本书的创新之处及存在的不足

1.4.1 创新之处

将元治理应用于流域水环境治理可行且必要。其一，流域水环境问题具有复杂性、公共性、流动性等特点，单一的治理机制无法应对。其二，强调政府作为"同辈中的长者"的元治理更适合中国国情。其三，流域水环境治理已进入多元共治时代，但从西方经验来看，多元共治的推进可能导致各部门责任边界模糊、义务不明，职能越位、错位、缺位等问题。将元治理应用于流域水环境治理具有一定的创新性与突破性。

第一，理论基础更符合中国国情。元治理作为一种较新的理论，虽然产生于西方国家，但更适合中国国情。从传统公共行政到新公共管理，再到新公共治理，中国一直紧跟西方公共管理理论发展潮流，其中，一个一直被热烈讨论的问题就是西方公共管理理论的中国适应性问题。以往研究倾向认为市场机制、网络机制更适合公民社会发展充分的国家。虽然中国公民社会起步较晚，市场成熟度仍需提升，但是政治体制因素决定了政府无论是在公共政策制定还是在公共服务提供中都有独特的优势，党和国家始终以全局利益为重，政府更适合也更有能力在治理中发挥向心力作用。

第二，元治理理论框架得到进一步完善。无论是国外还是国内，当前对元治理的研究都停留在概念的描述上，鲜有用元治理理论对现实问题进行分析，这间接造成了其理论框架的缺失。理论框架必须不断与实践相结合，经历组建、修缮、重构的循环。本书将元治理理论同流域水环境治理问题相结合，创建"结果"和"过程"的元治理、"元治理者"的确定、元治理政策工具这样一个解决问题的理论分析框架。虽然该框架仍需不断完善，但理论的发展就是在一次次改进、试错、重构中实现并蝶变。

第三，实证检验工具让元治理更有说服力。元治理基于网络弥散性对"去中心化"进行反思，引起中外学术界的激烈思辨。元治理能否成为一种有力的话语体系，除符合理论逻辑推演外，还需要数据事实的检验，而这恰恰是当前研究的短板。本书第5、第6章分别找取可测量的变量数据，验证流域水环境元治理的绩效、搭建元治理政策工具框架并进行优化，在一定程度上补齐了元治理研究的短板。

1.4.2 存在的不足

理论的完善是一个系统工程，并不是一篇学术论文就可以承载得了的。这就决定了本书存有不足，尤其是在元治理政策工具的创新上，当前研究依旧停留在对现有工具的整合上，包括绩效管理工具、战略管理工具、法律准则、软法、信任和价值观等。这些工具虽然能满足元治理的基本需求，但是在对元治理工具的开发上，一要系统整合，二要开拓创新，如此方能让元治理理论更好地落地、生根、开花、结果。

第2章

理论基础、分析框架与核心概念

作为核心理论基础，本章详细阐述了元治理理论产生的背景、元治理概念的提出、元治理的必要性；同时，简要介绍了分析流域水环境治理元问题时用到的其他相关理论，如社会资本理论、组织结构理论、公共选择理论、公共信托理论等。理论分析框架决定了理论能否形成话语体系，而这恰是当前元治理理论发展所欠缺的。为此，本章提出元治理的理论分析框架，包括"结果"和"过程"的元治理、"元治理者"的确定、元治理政策工具，这是本书的一大创新之处，也是本书最主要的理论贡献。此外，本章对研究中涉及的元治理、元问题、流域水环境等核心概念进行了界定。

2.1　理论基础

元治理理论是本书的核心理论基础。除此之外，在分析问题过程中，了解其他相关理论（如社会资本理论、组织结构理论、公共选择理论、公共信托理论等）有助于对问题的全面把握，故做了简要介绍。

2.1.1　元治理理论

元治理，即"对治理的治理"，可以解释为公共部门内部的众多组织已经达到了较高程度的自治水平，因此有必要对各治理要件进行一定的管理和控制。无论是因为进行了管理主义改革，还是治理风格发生了改变，行政管理过程都需要保留因管理授权和权力下放而产生的优势，同时引入中央的控制和指导。下面对元治理理论产生的背景、概念的提出，以及必要性分别进行介绍。

一、元治理理论产生的背景

在传统的公共治理中，以政府为核心的科层机制发挥了重要作用。科层机制是在权力体制内，通过权力的"自上而下"配置，明确各层级之间的权力关系。在科层体制内，权力的运行是"自上而下"的、单向的，下级政府往往受到上级政府的权力制约。公共治理中的科层体制也表现在部门之间的横向联系上，职能部门之间协调配合。但是由于地方保护主义和部门利益的存在，科层体制下的横向协调较为低效。

市场机制是资源配置的另外一种重要方式。市场机制是在假设市场参与者为理性"经济人"的基础上，对市场参与者的生产经营行为进行分析。在市场配置资源的条件下，受市场价格机制、供求机制等的影响，追求利益最大化的行为者往往会选择最有利于自身的策略，实现自身资源的最优配置。但是，市场机制由于自身功能性的缺陷，在资源配置和公共利益实现等方面存在宏观性、外部性、公益性缺失等问题。

传统的官僚治理（Bureaucratic Governance）模型包含一系列"怎样进行控制管理"的假设。随着社会发展，公共领域问题的复杂性日益突出，官僚制是问题的症结所在，彻底的变革迫在眉睫。在这些变革中，一个显著的转变体现在：公共部门不再是治理的唯一主体，治理从传统的、政治驱动型的公共部门脱离出来，并将权力赋予大量的行动主体。20世纪七八十年代，西方国家兴起了一场倡导治理主体多元化、削减政府管控、依靠多元主体进行治理的改革运动，以网络机制取代传统的科层机制与市场机制。网络机制虽然弥补了科层机制与市场机制的某些缺陷，但同样存在弊端。网络化治理对多元主体的强调使市场、民族国家、混合经济等治理主体地位下降，治理的重点转移到企业间网络、公私合营企业、多边与自组织谈判。多元主体间的沟通与协调增加了治理成本，使治理效率受到影响。网络化治理模式不断扩展，从地区层面向国家层面乃至国际层面发展。随着跨国网络的扩张，民族国家越发呈现空心化趋势，西方资本主义国家遭遇发展的危机。

三种治理机制均面临失灵的困局，国家的治理该何去何从成为学术界的研究热点。

二、元治理概念的提出

"治理"是当代政治学与公共管理学研究的重要内容，从管理向"治理"的转变被视为当前中国地方政府创新的重要方向。20世纪末期，以国家为唯一依托的管理体系开始动摇，超越了生产场所的福特主义与福利国家的危机让人们开始反思，不管是新自由主义还是国家主义，都是在政府与市场之间的不完善抉择。因此，政府、市场和社会的重新组合势不可当。20世纪90年代以后，由于全球化的发展，世界各国互动频繁，使国际社会变得越来越复杂化、动态化和多样化，原有的公共事务管理单一主体的单一治理机制（无论是科层机制、市场机制还是网络机制），因为各自特有的不同理论背景、基本原则、组织结构、协调方式而无法独自解决现实中越来越复杂的问题，都出现了"制度性失效"（Institutional Void）。公共事务管理，不再依赖于单一主体的单一治理机制，出现了政府、企业和社会公众分别运用科层机制、市场机制与网络机制共同参与公共事务管理的"三足鼎立"景象。正如戴维斯（Davis）、罗茨（Rhodes）所说："未来将不再依赖市场机制，或科层机制，或网络机制，而是所有三者。其关键也不是管理合同，或指导网络，而是当三者相互冲突、彼此破坏时，把它们有效地组合起来。"

然而，由于三种治理主体（政府、企业和社会公众）的三种治理机制（科层机制、市场机制和网络机制）各有特点（见表2-1），它们之间的这种混合既产生了相互的协同互补，也产生了彼此的对立冲突。在这种情况下，公共事务管理中一种"新的治理需求"产生了：消除三种治理主体三种治理机制之间的对立冲突，促进三种治理主体三种治理机制之间的协同互补——治理的治理，即"元治理"（Jessop，1997）。

表 2-1　三种治理机制及其特点

类型	以政府为治理主体的科层机制	以企业为治理主体的市场机制	以社会公众为治理主体的网络机制
时间	18 世纪末期至20 世纪 70 年代	20 世纪 80—90 年代	20 世纪 90 年代
理论背景	理性主义、实证主义	理性选择理论	社会构建理论、社会结构理论
基本原则	政府统治社会	政府向社会提供服务	政府只是网络社会中的一个合作伙伴
组织结构	直线型组织，集中控制系统	分散式的、半自治单元	软性组织，具有最低限度的规则和法规
协调方式	正式的、强制的、"自上而下"的事前协调	竞争性的、"自下而上"的事后协调	非正式的、无偏见的、开放式的、外交式的自组织协调
控制机制	国家权力	市场价格	网络信任
环境要求	稳定的	竞争的	不断变化的
首要优点	可靠性强	为成本所驱动的高效率	极大的自由裁量权、灵活性强
适合解决的问题	危机、灾害等通过执行力量能够解决的问题	常规非敏感性问题	复杂性的、非结构化的、存在多方参与者的问题
典型不足	科层失灵	市场失灵	网络治理失灵

元治理的提出拓宽了公共管理者的行动视角（Meuleman Kuis，2011）。国外关于元治理的研究大致包括两个方面：一方面是对元治理重要性的强调；另一方面是对元治理概念本身的界定。从治理的复杂性出发，杰索普（2009）多次强调元治理的必要性，从多层次治理到多标准元治理，把元治理表述为"治理条件的组织准备"，涉及的是"科层机制、网络机制、市场机制三种治理机制的明智组合"。Louis 和 Ingeborg（2015）明晰了元治理同治理的区别，认为元治理是实现可持续发展目标的一种治理方

法。本书在综合已有研究的基础上，将元治理定义为"由政府或其他治理主体承担'元治理者'的角色，通过直接干预和间接影响，构建治理环境与框架，形成统一的治理目标，协调治理主体间的关系，促进各种治理模式的协调统一，实现治理的一致性、有效性、长期性和稳定性的一种治理模式"。

三、元治理的必要性

元治理包括三个要件：①承认授权与分权；②意识到中央控制与指导的必要性；③趋向于对公共部门的行为环境进行控制，而不仅是对行为本身。元治理既非重回传统的科层治理，也非对任何一种治理机制的摒弃，而是从更高层面统筹科层机制、市场机制、网络机制，将多种治理机制整合并产生蝶变效应。

从公共政策制定与公共服务提供经历的几个关键节点——传统公共行政、新公共管理、新公共治理来看，新公共管理和新公共治理虽然给公共部门带来了大量预期的积极效果，但也产生了大量始料未及的消极后果。元治理的必要性就体现在对这些消极后果的弥补上。

第一，决策制定。官僚科层制虽然在一些方面如机构臃肿、缺乏活力为人所诟病，但是也有其存在的必然原因，如不可替代的决策制定能力。这并不意味着官僚体制下的决策是高质量的，仅说明决策是可以制定的。网络治理中的决策制定并不像有些人想象的那样简单，和正式的体制不同，有大量社会成员参与的治理网络通常缺乏清晰的决策制定规则，一般以网络内的讨价还价来达成共识。但这种讨价还价很多时候产生最平庸的决策结果（Scharpf, 1998），除非存在一些其他规范可对个人私利进行监督。如果不存在前置规则或者强有力的非正式规范，那么网络结构将会导致决策无果或决策低质的问题。以上关于网络治理的讨论，也可扩展到与新公共管理紧密相关的、以市场为导向的服务供给模式中。例如，合同和公司伙伴关系内含着大量的多方协议过程，因而导致了协商无果或协商低效的问题。进一步说，新公共管理思想的部分逻辑已经将个体的价值观全部渗透到公共部门。因此，在这种背景下制定的决策在反映公共利益方面并不尽如人意。

第二，参与。以网络机制为支撑的治理模式进入另一个困境：所谓更民主的治理机制，民主是否有实质性提高？发展中的由社会行动主体结成的网络的合理性在于，作为一种将公共意志转变为具体行动的方式，传统代议制民主制度的优势正在逐渐减弱，但网络机制是否能更好、更全面地代表社会整体利益尚待考究。网络机制作用发挥依赖于利益集团、社会公众的广泛参与，但在代议制度下被排除在外的人，在网络机制下也可能遭到排斥。参与网络治理的行为主体，最低限度是具备一定组织能力的个体，那些在各种社会团体中遭到排斥的人，往往是那些被认为具备很少知识技能的人。纵使以某种方式使他们参与网络治理，但由于这些人总体上具备较低的说服能力，一般来说，他们难以对决策产生实质性影响。

第三，协调。自政府产生以来，就存在活动协调上的困难。公共部门有效协作的缺失常常使公共项目的效率和效益降低，衍生出政府无能的观念。同时在协调方面的失败会导致政策真空和疏漏，致使一些公共问题不能得到有效解决。虽然疏于协调是个老问题，但这个问题在过去几十年的改革中愈演愈烈。例如，应用委托—代理模型提供公共服务已经创生出更多需要协调的自治组织。形成网络关系的公共组织间协调难度可能远高于公共部门内部组织间的协调。另外，高级管理者已经被赋予更多自我决策的权限，这将使基于常规机制与他们进行协调变得更加困难。分权化改革的常规策略主要聚焦于单个组织或政策领域中的优质管理和效率提升。这种策略虽然取得了很多成功，但也弱化了政府对政策倡议和政策优先发展目标施以强制性影响的能力。

第四，问责。在公共部门中，新公共管理和网络治理的发展引发的主要问题是以公共名义做出决策的责任承担问题。两种替代传统公共行政的尝试弱化了公共行为与政治组织之间的必然联系，从而衍生出新的问责和控制问题。问责机制通常被定义为一种对公共组织和项目施以监督控制的机制，能有效引导项目改进。在过去的几十年中，新公共管理、新公共服务在公共事务管理结构和程序上的变化，都要求弱化政府控制，在没有产生替代政府实施问责机制的主体时，政府问责、纠错功能被限制发挥。

运用新公共管理和治理对公共部门进行组织与管理，虽然给公共部门和公民带来了一些好处，但是像其他改革一样，也付出了一定的代价。从某种程度上说，改革产生的问题是明显的，但应对这些问题的最佳解决方案却没有那么显而易见。在允许公职人员和社会行动者更广泛参与的情况下，要再次取消参与，困难重重。因此，政治或行政领导人要有效地掌握未来，就必须找到既能保留先前改革成果，又能克服改革衍生问题的方法，这个方法就是元治理。

2.1.2　其他相关理论

除元治理外，了解社会资本理论、组织结构理论、公共选择理论和公共信托理论有助于对流域水环境问题的理解。

一、社会资本理论

社会资本是"实际的或潜在的资源集合体，那些资源与对某种持久的网络的占有密不可分，这一网络是大家熟悉的，得到公认的，从集体性拥有资本的角度为每个会员提供支持"（Pierre Bourdieu，1997）。James Coleman（1999）将社会资本分为宏观、中观与微观三个层面（见表2-2），认为社会资本并不是一种可见的实体，而是由多组织形成的一种共聚力。Robert Putnam（2001）认为，社会资本是公民社会的基石，让公众与公共政策制定和集体行动产生联系。

表2-2　社会资本的层面和构成要素

层面	构成要素
宏观	国家文化传统、非正式制度、地域文化
中观	网络中组织的法定地位与权限、参与、信任以及组织名义发生的各种联系
微观	个体的信任、信仰、互惠

流域水环境治理和社会资本理论密切相关。流域水环境治理是一个涉及不同利益主体的多元网络治理，要求不同主体之间为实现流域水环境共同利益而进行信息和资源上的共享，建立高度信任和合作机制。社会资本对组织成员产生约束机制，包括信息分享、信任、合作、互惠互利的集体行动和决策制定。国家和地区可以利用这些社会资本建立水环境保护组织，恢复生态环境。此外，这些因素对于减少流域水环境治理中的信息不对称，增强信任、促进部门协作具有重要意义。

二、组织结构理论

组织结构理论是研究组织中的责权关系、分工与协作、集权与分权、组织设计等方面的理论。组织结构不仅描述了组织的框架体系，还解释了框架体系中各构成要素之间的分工协作关系。一般而言，组织结构有效运行取决于三个因素：①组织结构的复杂性程度。分工越细、权力层级数越多、部门设置越多，组织内部协调就越困难。②组织内部的规范性程度。使用的规章条例越多、越细，结构就越规范化。③权力的集中程度。组织规模与权力集中程度成反比。组织结构理论的发展历经两个历史阶段。第一阶段是古典组织管理理论，注重集权和控制。泰罗、法约尔和韦伯的组织结构理论是其典型代表。这一类型的组织结构强调法理性权力在管理中的作用，忽视了人格化的关系和非理性化等因素的作用，不同组织之间的信息、技术、资金等资源的交流合作较少。第二阶段是"现代管理理论丛林"，代表性组织类型为分权型层级制，即注重分权和各部门之间的协调。工业化进程迫切需要对原有权力集中、控制严密、非人格化管理的组织结构进行改造。为适应社会化大生产和市场经济发展的需要，管理者将选择那些灵活性强、多样化和分权程度高的组织结构类型，以提高组织对环境的适应性和运行效率。特别是随着知识经济时代的到来，传统的以控制性管理为标志的组织结构根基将会受到根本性冲击和否定。以知识为基础的经济，要求一种新的生产组织方式与之适应，即组织结构应具有灵活性和弹性、决策权相对分散和决策主体多元化、组织边界模糊化和组织功能交叉、组织结构扁平化和层级沟通减少的特点。

知识经济为管理理论注入新的内容——知识管理理论、学习型组织理论、组织再造理论、群体生态理论、全面系统理论、资源依赖理论等应运而生；在组织结构形式上，出现了以虚拟结构组织、团队结构组织、网络结构组织、无边界组织等为代表的新的组织机构形式。流域水环境元治理作为一种新的治理形式，和传统的组织结构存在很大差异。每个行为者都是治理的一个节点，每个节点相互联系、相互作用。行为者具有同等的地位和权利，分享信息和资源，共同致力于网络的整体利益。

三、公共选择理论

公共选择理论关注非市场的集体选择行为，将经济学的理论和方法与政治问题相结合，解释政治理性人的行为表现。公共选择理论接受古典经济学关于理性经济人的假设，延续并拓展出包含理性经济人的理性行为假定、个人行为偏好和交换的普遍性三个研究维度。以理性经济人假设为基础的公共选择理论扭转了以前假定政府官员为公共利益代表者的"政治人"这一前提偏差，在理性经济人假设基础上，认为政府也会同市场一样因追求个人利益而出现失灵的情况。

在流域水环境治理中，首先要明确地方政府及其官员是经济人的假定，在理性经济人的假设下，地方政府、企业在流域水环境治理中存在为谋求部门利益和个人效用而牺牲整体和全局利益的行为；为了摆脱这种困境，需要合理的制度安排来纠正流域水环境治理中各主体的异质化行为。

四、公共信托理论

政府接受全体社会成员的委托，对自然资源与生态环境进行持续性保护，维护社会公众享受美好生态环境、享用自然资源的权利和义务。阳光、空气、水等公共资源的所有权虽然从属于社会大众，但单一零散的公众却没有能力对其进行高效管理，政府作为被委托人在对公共资源进行管理的同时可以维护公众的资源环境权利。国家和政府一方面承担对自然资源与生态环境进行管理的责任；另一方面维护公民的环境权，并从法律层面对其权利进行保护。公共信托理论是就问题来说的，并将委托—代理问题并入研究范畴。当政府承担管理公共资源环境的义务时，为避免对公众委托人的利益损害，需要以法律或其他手段对政府行为实施一定的限制。在流域水环境治理中存在明显的委托—代理问题，即信息的不对称、不对等。委托—代理理论为解决流域水环境元治理中的问题提供了参考。

2.2　分析框架

自 Jessop（2002）提出"元治理"概念之后，相关研究在较长一段时间内一直停留在对"元治理"概念的界定及重要性的说明上，这在理论发展的初期意义重大。但理论话语权的形成还需要理论分析框架的完善，这正是当前元治理理论发展的难点。只有突破这个难点，元治理才能掷地有声，激起理论发展的涟漪。综合目前研究，本书尝试搭建元治理理论框架，包含三个部分："结果"和"过程"的元治理、"元治理者"的确定、元治理政策工具（见图 2-1）。

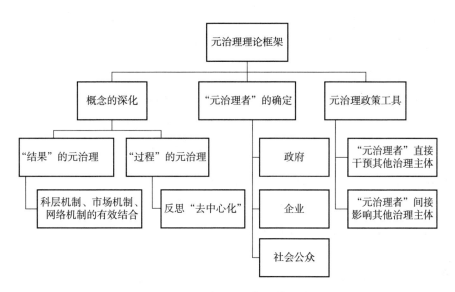

图 2-1　元治理理论框架的创建

2.2.1　"结果"和"过程"的元治理

Jessop（2016）进一步提出，"为应对日益复杂的现实问题，在不削减民族国家内在一致性的前提下，元治理是将各种独立的治理方式进行协作，建立恰当的宏观组织与互动体系"。Sprensen 是继 Jessop 之后又一位研究元治理的重要学者，其在与 Jacob Torfing 共同完成的著作《民主网络化治理的理论》（*Theories of Democratic Network Governance*）中指出，当前治理系统呈现多元性与碎片化，在引入元治理保持治理主体高度自主权的同时，促进多元治理主体间的协作。这既是一种理念话语，也是一种机制构建过程，引导和推动治理方向的一致性（Sprensen et al.，2011）。

Mark Whitehead（2003）进一步强调政府在元治理中的地位和作用，认为政府权威可以引导和促进自组织治理体系的形成。他同时反思了元治理的不足，认为若缺乏合理的制度设计与政策工具，元治理就可能会产生背道而驰的效果。Lars Engberg（2011）从治理内部系统着眼，认为元治理是针对不同背景治理主体间纵向与横向的协调和整合。Annette Thuesen（2013）强调元治理并非只有单一层次，而是具有多层次的应用价值。Michael Kull（2013）认为，元治理以决策制定、强化合作、共同行动的方式，可以弥补传统治理模式的缺陷。Boudewijn Derkxa 等（2014）则指出，元治理在坚持治理主体自主性的同时，减少多样性并构建一个更高层级的协商秩序。

回顾已有研究，可以总结出对元治理内涵两个维度上的认识：第一个维度是形成"结果"的元治理，强调不同治理主体、不同治理机制之间通过元治理达成治理共同目标，形成协作关系；第二个维度是反思多元化带来的治理缺陷，即"过程"的元治理，反思"去中心化"，强调治理体系中治理权威存在的必要性（见图2-2）。

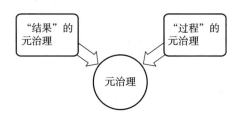

图2-2 元治理包含的两个维度

2.2.2 "元治理者"的确定

一直以来，学术界对谁来做"元治理者"（Meta-governor）存在两种观点。一种观点认可政府在"搭建系统之间的联系、创新领导机制、引导其他合作伙伴，确保不同治理机制互通"中的作用，以杰索普为代表。他认为政府在治理中的地位越来越重要（杰索普，2007）。政府可以更好地代表国家利益，对治理系统进行有效的引导和控制，更好地实现战略目标（Mandy Lau，2014）。政府凭借其在决策制定、参与、问责、协调上的优势，可以对治理要件加以干预，确保治理的目标和最终结果符合国家整体利益。因此，政府被放置于元治理的中心地位，成为"元治理者"。

另一种观点认为，"元治理者"应当突破政府的局限。Alic Moseley（2008）基于治理主体的多元化特征，认为包含政府相关机构、社会公益组织等任何行为主体都可以发挥作用，协调网络治理的运行，促进新的治理模式产生。Luc Fransen（2015）认为，在全球化背景下，公共事务管理应跨越传统政府边界，充分发挥社会公众、社会公益组织在元治理中的作用。Derkxa 等（2014）明确指出，政府不应独自霸占"元治理者"的地位，随着私人力量的壮大，私人组织应同样有机会作为"元治理者"。David Marsh（2011）以一种更开放的眼光提出，有能力将科层机制、市场机制、网络机制进行统一整合和战略性调整的治理主体都可以是"元治理者"。

确定"元治理者"是研究的基础，是选择政府作为"元治理者"还是其他主体作为"元治理者"，需要具体问题具体分析。"元治理者"通过对科层机制、市场机制和网络机制的有效整合，实现各种治理机制协调运作，充分调动不同治理主体的积极性使其形成共振和优势互补，对有效应对治理困境、推动公共物品提供和公共服务供给发挥重要作用。

2.2.3　元治理政策工具

"元治理者"对"过程"和"结果"进行元治理，要依靠一定的政策工具。因此，元治理政策工具框架的搭建成为框架的第三部分。杰索普（2007）总结元治理发挥作用的方式：重新设计市场，对自组织进行管理，促进政府、市场与自组织之间的协作。随着研究的深入，杰索普（2011）进一步细化元治理的实施策略：一是采用市场化的激励机制，促进结果产出；二是依靠法律对相关主体的行为活动进行调整；三是对网络组织关系进行重塑，以利于相关主体间协作关系的稳固有效；四是在元治理网络中培育信任、协调、整合、忠诚的价值理念，使元治理运行过程更顺畅。Karina Sehested（2009）将元治理的治理机理描述为构建元治理的政治和经济网络，在网络中规范结构与流程，明确"元治理者"，依靠"元治理者"对元治理网络中的矛盾进行协调化解，制定符合整体利益的决策。Jan Kooiman（2009）指出，元治理发挥作用的关键在于充分利用"价值""规范""原则"。

综上所述，虽然当前各界对元治理的框架、政策工具并未形成统一的认识，但是对于元治理工具的实施策略存在两种倾向——直接干预工具和间接影响工具。直接干预工具倾向于对治理过程的直觉掌舵；间接影响工具则通过价值塑造、目标确定、认同培养、规范形成等软方式，实现治理的长期性与稳定性。元治理政策工具框架如图 2-3 所示。

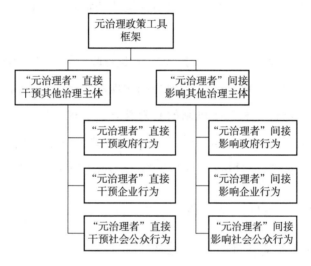

图 2-3　元治理政策工具框架

2.3　核心概念

一、元治理

杰索普（2009）多次强调元治理的必要性，从多层次治理到多标准元治理，把元治理表述为"治理条件的组织准备"，是涉及"科层治理、网络治理、市场治理三种治理机制的明智组合"。Louis 和 Ingeborg（2015）明晰了元治理同治理的区别，认为元治理是实现可持续发展目标的一种治理方法。本书在综合已有研究的基础上，将元治理定义为"由政府或其他治理主体承担'元治理者'的角色，通过直接干预和间接影响，构建治理环境与框架，形成统一的治理目标，协调治理主体间关系，促进各种治理模式的协调统一，实现治理的一致性、有效性、长期性和稳定性的一种治理模式"。

二、元问题

元问题即能引起问题的问题。元问题比普通问题（原始问题）更进一层，是涉及价值论、方法论层面的问题，最根本、层次最高的问题。正如物理学家理查德·费恩曼（Lichade Feienman）在打油诗中所述："我想知道这是为什么，我想知道为什么；我想知道这是为什么，我想知道究竟为什么；我非要知道，我为什么想知道这是为什么。"在流域水环境治理中引入元问题，就是利用以"问"引"问"策略，设置"问题情景"，将"情景串"变成"问题串"；用元问题启发思考问题的方式，不断追问"问题"，激发认知的原动力。正如鲁利亚所说："在人有适当的动机而使课题变得迫切了，并且它的解决成为必要的了；当人要从他所处的情境中走出来，而又没有现成的（先天的或习惯的）解决办法时，只有在这种场合思维才出现。"元问题会最大限度地激发人们探索问题的动机和维持解决问题的投入，提升思维的深刻性、独创性、批判性和灵活性。

三、科层机制

科层机制又称"理性官僚制"或"官僚制"，由德国社会学家马克斯·韦伯提出，建立在组织社会学的基础之上，体现了德国式的社会科学与美国式的工业主义的结合。通常情况下，科层机制指的是一种权力依职能和职位进行分工与分层，以规则为管理主体的组织体系和管理方式。也就是说，它既是一种组织体系，又是一种管理方式。

四、市场机制

市场机制是通过市场竞争配置资源的方式，即在市场上通过自由竞争与自由交换实现配置资源的机制，是价值规律的实现形式。具体来说，它是指市场机制内的供求、价格、竞争、风险等要素之间互相联系及作用的机理。市场机制有一般和特殊之分。一般市场机制是指在任何市场都存在并发生作用的市场机制，主要包括供求机制、价格机制、竞争机制和风险机制。本书中用到的主要是市场机制的一般概念。

五、网络机制

网络机制最早产生于公司治理，传统的公司治理是基于股东与经营者之间委托—代理关系股东至上的单边治理模式，公司控制权属于股东，公司的经营目标是股东利益最大化。随着股权的分散、企业之间相互参股的增加、企业战略合作伙伴关系的发展，以及人力资本等非财务资本对于企业经营的日益重要，产生了基于相关利益者利益的共同治理模式，强调各种利益相关者对公司治理的广泛参与。本书中的网络机制主要是指在公共事务管理中，治理主体不仅包括政府，还包括企业、社会公众在内的治理网络。

六、流域水环境

据《辞海》，"流域是指由地面分水线包围、具有流出口的汇集降水的区域"。《中国大百科全书》则将流域定义为："由分水线所包围的河流集水区……每条河流都有自己的流域。"

《水文基本术语和符号标准》（GB/T 50095—98）将水环境解释为"围绕人群社会空间，以直接或间接的方式影响人类生产、生活和发展的水体"。《中国水利百科全书》将水环境的功能和构成描述为"由传输、储存和提供水资源的水体，生物生存、繁衍的栖息地，以及纳入的水、固体、大气污染物等组成进行能量、物质交换的系统"，包含水体影响人类生存和发展的因素，以及人类活动影响水体状态的因素总和。陈晓宏和江涛（2001）认为，水环境应涵盖地球上海洋、河流、湖泊以及土壤岩石缝隙中的地下水。高升荣（2006）认为，水环境是以水资源为中心，与水资源有关诸要素的集合，这些要素既包含自然因素，也包含与人类相关的社会因素、经济因素等。因此，水环境可以分为自然水环境和制度水环境。综上所述，本书将流域水环境界定为：以流域为单元，包括流域内上中下游、干支流、左右岸，水质与水量等要素的有机系统。

◆ 本章小结

元治理是"由政府或其他治理主体承担'元治理者'角色，通过直接干预和间接影响，形成统一的治理目标，协调治理主体间关系，促进科层机制、市场机制和网络机制三种治理机制的协调统一，实现治理的一致性、有效性、长期性和稳定性的一种治理模式"。本章创新性地提出了元治理的理论分析框架——"结果"和"过程"的元治理、"元治理者"的确定、元治理政策工具。"结果"的元治理意味着科层机制、市场机制和网络机制三种机制的结合，"过程"的元治理反思"去中心化"，在中国国情下，政府在制定决策、参与协议、问责等方面的优势地位使其更适合承担"元治理者"的角色，以直接干预其他治理主体和间接影响其他治理主体行为的方式充分运用元治理政策工具。

第3章

中国流域水环境治理的现状及存在的元问题

中国流域水环境治理历经科层机制、市场机制和网络机制三种治理机制。在回顾三种治理机制的组织方式、考核目标和实现工具时我们发现，为应对流域水环境治理的复杂性，已形成了包括政府、企业、社会公众在内的治理网络，但看似完整、包含众多治理主体的治理网络因对个体利益的追求而影响了流域整体利益。为此，本章借助博弈论的分析工具，从主要治理主体的博弈行为来洞察治理中的元问题，从制度分析角度来探讨元问题生成的原因。

3.1　中国流域水环境治理的历史沿革

　　基于流域水环境治理的历史沿革，将流域水环境治理划分为三个发展阶段：依靠科层机制的治理阶段、借鉴市场机制的治理阶段和发展网络机制的治理阶段。当然，这种简单的划分难免存在交叉，但为了更好地研究问题，服务于元治理的分析脉络，并结合公共管理理论的发展历程，从深入认识流域水环境治理问题这个角度来看，这样的划分具有一定的合理性。中国流域水环境治理的历史沿革如表 3 - 1 所示。

表 3-1　中国流域水环境治理的历史沿革

阶段	指导原则	治理方式	具体工具
科层机制	国家权力	"自上而下"	公共财政、执政党思想资源整合
市场机制	市场价格、竞争	竞争性的	排污权交易
网络机制	流域网络整体规划	自组织协调	河长制、流域政府间电子网络化治理

3.1.1　第一阶段：依靠科层机制的治理

流域水环境治理的协调机制离不开中央政府的介入，正如迈克尔·泰勒（Michael Talyor，1987）提出的，假如不存在国家，就无法使人们达成高效的配合与协调，促进共同利益的实现。在协调治理流域水环境各主体过程中，中央政府"自上而下"的层级控制手段，对于促进流域政府间横向协调及对流域水资源配置使用的负外部性合作治理发挥着举足轻重的作用。科层机制基于中央政府对地方政府的管控、地方政府之间的分工协作，依靠国家权力设置流域管理机构，采用"自上而下"的协调工具着重从公共财政和执政党思想资源整合两个方面进行。

一、指导原则：国家权力

诺斯认为，"有效的组织是制度变迁的关键"。由此看来，科层机制功能发挥的前提是流域管理机构及其组织体系的建立与完善。设立流域管理机构的现实原因在于，对流域按行政区划进行地方和部门的分割管理，会助长地方保护主义滋生，阻碍流域资源的高效综合利用，导致流域上、中、下游之间的负外部性转嫁（王树义，2000）。基于此，建立可自主行使职权的流域管理机构十分必要，该机构能够超然、独立地制定与实施流域管理相关决策，代表国家进行统筹规划与安排。

按照权力递增原则，国际上常见的流域管理模式包括三种：①水资源理事会。采用这种模式的有斯里兰卡、马来西亚等国，由自然资源管理和用水部门等构成水资源理事会。对于理事会来说，其主要职能是制定相关政策，以及提出战略设想，但不得随意干扰各机构职能的正常行使。理事会更多的是提出政策建议，协调各部门工作及审计等。在斯里兰卡等国家，大部分流域环境开发项目已然正式启动，且建立了现代化的数据处理与存储系统，以及为现行机构的职能行使提供了明确的规范指导。因此，对于各机构来说，需要注意的是加强彼此的信息沟通、部门之间的协作与交流，以减少冲突等问题的发生；同时在有效弥补"成熟"行业的不足方面，理事会显示出良好的成效。②流域委员会，主要职能是管理与规划，法国等国家采取这种模式。相比以协调为主要职能的理事会而言，流域委员会在权力配置和人员配置上更具优势，主要职能为明确流域环境的保护机制、确定水开发战略、搭建数据信息统计系统等。这些国家还以立法形式确定了流域委员会的地位，以及相应的责任与权力，由流域委员会负责重要监测站点的运行管理和重大水利项目的管理等。③流域管理局，主要职能是管理与开发，美国采取这种管理模式。对比前两种机构模式，流域管理局是一个具有更大管制权力的国家级机构。其董事会由总统提名、国会任命，并对总统和国会负责。流域管理局依法享有广泛的权力，可依法行使出售、征购田纳西河流域干支流沿岸土地的权力，还可依法经营电力，甚至有权根据全流域开发和管理宗旨修正或废除地方法规，并进行立法。上述三种流域管理模式均有其独特之处并不乏成功的案例，有其各自最佳的适用情形。

中国七大水系的流域管理机构是水利部的派出机构。各流域管理机构的名称、发展历程及主要职能如表3-2所示。

表3-2 中国七大水系流域管理机构的名称、发展历程及主要职能

相关情况	水利部太湖流域管理局	水利部海河水利委员会	水利部淮河水利委员会	水利部松辽水利委员会	水利部珠江水利委员会	水利部长江水利委员会	水利部黄河水利委员会
驻地	上海	天津	蚌埠	长春	广州	武汉	郑州
发展历程	1927年，中华民国政府成立太湖流域水利工程处 1929年成立太湖流域水利委员会；1935年，并入扬子江水利委员会 1950年，成立太湖工程处；1955年，并入长江流域规划办公室 1963年更名为华东水利局，1966年撤销 1984年，成立太湖流域管理局	1918年，在天津成立顺直水利委员会；1928年，改组为华北水利委员会 七七事变前，华北水利委员会由天津迁回内地；1945年迁回原来的地址 1950年更名为华北水利工程局，于1953年撤销 1979年，成立水利部海河水利委员会	1929年成立导淮委员会；1947年更名为淮河水利工程总局 1950年，成立治淮委员会 1953年，确定由治淮委员会负责沂、沭、泗、运四条河流的管理与开发治理工作；1958年，撤销治淮委员会 1971年，国务院设立了治淮规划领导小组，并目于蚌埠设立了领导小组办公室；1977年，更名为华北水资源保护小组 1982年，组建了治淮领导小组，将治淮领导小组的领导小组并入水利部的办事机构；1990年，改为水利部淮河水利委员会	1982年10月，成立水利电力部松辽水利委员会，与水利电力部东北水利勘测设计院合署办公 1984年，将保护领导小组并入松辽水资源保护办 1988年，机构调整，改称松辽水利委员会	1937年成立珠江水利局；1938年，迁入内地，抗战胜利后，回迁广州；1947年，更名为珠江水利工程总局，于1953年撤销 1956年，水利部设立了广州和珠江设计院两个单位，领域规划办公室，两个机构直接受水利部领导，于两年后被撤销 1979年，水利部设立珠江水利委员会	1922年，成立扬子江水道讨论委员会；1928年，更名为扬子江水道整理委员会；1935年，与太湖流域水利委员会等单位合并为扬子江水利委员会，于1947年开始称为"长江水利工程总局" 1950年，水利部设立了长江水利委员会，5年后将该委员会以及下属部门全部并入水利部，设立了国务院建制 1982年底，长江流域规划办公室接由水利电力部管理，后转由水利部长江水利委员会管理，称为长江水源保护局，长江科学院 1989年起，停止使用长江水利委员会下设江水源保护局、长江职工大学、长江水利水电学校等单位的名称。长江流域规划办公室	1933年，成立黄河水利委员会 1947年，水利部设立了黄河水利委员会，更名为黄河水利工程总局 1946年，正式成立冀鲁豫黄河水利委员会，3年后更名为黄河水利委员会，且在该委员会下设立了规划设计院，引黄灌溉试验站等多个机构，为全流域水利管理机构

主要职能：
①制定流域水资源的分配与开发利用规划；
②对流域内各地方政府、部门产生的水利矛盾问题进行协调；
③负责流域内主要河流的防汛调度和水源分配和调度工作，统一管理跨省（直辖市）主要河流水利工程；
④负责流域水质进行监测，监督水污染防治工作的执行情况；
⑤代表水利部负责流域内中央直属水利项目的管理，代表水利部对地方水利规划进行审批。

资料来源：水利部网站。

流域管理机构能否高效、合理地运转取决于以下几点。

第一，能否保证其自主权。当前，我国七大水系流域管理机构就机构性质来讲，仅为水利部派出机构，并未以立法形式明确其执法权与法律地位。在实际工作中，流域管理机构的独立性无法得到保障，没有足够的裁决、协调能力，经常会受到地方部门的约束和管理，导致其无法刚性行使权力，这决定了其要实现高效的流域综合协调管理是十分困难的（杜梅、马中，2005）。为了充分发挥流域管理机构的作用，发挥其对外部纠纷的统筹协调作用，以及对水资源的统筹规划职能，促进我国流域水资源的持续性发展，流域管理机构必须得到中央政府的大力支持。

第二，能否统一行政命令，采取综合性管理。显然，流域管理的内容涉及多个方面，是一项复杂的综合性工程。如各部门之间无法高效配合，将会导致流域管理的低效，无法实现保护水资源的目标。目前，我国的水行政主管机构为水利部，水环境保护由生态环境部负责。虽然经 2018 年政府机构改革，机构职能较之前有所改善，但依照"命令统一和效率的原则"，依旧任重道远。

第三，流域管理须实现民主管理。流域水资源配置使用的负外部性愈演愈烈，导致这一问题的一个重要原因是流域地方政府的保护主义。一味谴责和打压地方保护主义往往无济于事，解决该问题的核心在于形成一种有效的利益平衡机制，为地方政府的利益诉求提供表达渠道（颜佳华、易承志，2006）。各流域政府有权参与流域水环境保护与管理，在决策制定方面地位平等，且可以表达自己的心声。参与即一种价值（B. Guys Peters，2001）。流域政府的参与既有利于实现流域管理机构决策的民主化与合理化，也有助于在各机构之间建立合理的利益平衡机制。遗憾的是，当前流域水资源管理恰恰缺少地方的共同参与。

通常认为，解决流域水资源配置使用产生的负外部性问题，当务之急是设立流域管理机构，强化其权威，实施流域一体化管理。但是，一方面，如果流域管理机构的权力过大，甚至失去有效约束，就有可能犯错，并且激化流域政府间的矛盾。以田纳西河流域管理局为例，缺乏控制的权力导致不少决策失误。另一方面，如果流域管理机构权力适中，形成流域委员会的制度安排，这些模式固然可以吸引流域政府民主参与决策，但结果不见得理想。决策的民主化与科学化之间尽管具有相互依存、相互促进的一面，但民主化决策是一个非理性的各方利益妥协的政治过程；其以体现公平为主旨，追求为各方所接受的决策，而非最好的问题解决方案。科学化决策则以效率为根本诉求，凸显理性力量，找出一个主要由专家做出的、以解决问题为导向的成功决策（卢林，1989）。决策民主化与科学化两重价值目标之间的矛盾不可避免，使流域委员会的决策过程困难重重。

二、治理方式：公共财政与执政党思想资源整合

1. 公共财政

水环境保护的资金投入是解决水环境污染和改善生态环境的决定性因素，中国政府充分意识到了水环境保护的投入对改善水环境质量、促进经济发展的重要作用。20 世纪 80 年代初以来，我国环境保护投入逐年增加，公共财政投入大致分为以下几个方面。

第一，"211 环境保护"科目。财政部于 2006 年进行的政府收支改革，以及次年制定的政府收支分类，明确了环境保护为类科目，这是我国第一次将环境保护纳入财政预算，并于 2007 年 1 月 1 日起全面实施。"211 环境保护"科目属于支出功能分类科目中的第 11 类科目，主要包括污染治理、环境监测等支出项目，合计 10 大款 50 小项。由此，明确了环保支出属于政府的重要预算，为环保投入提供了重要保障；同时，有利于地方加强环保队伍和能力建设、推进环保机构经费保障工作。然而，在具体实施过程中，若无资金保障机制跟进，则其增流作用并不突出，一些地方仍处于有渠无水的状况，主要体现在对比同期其他行业，除排污费之外其他用于环保的预算经费投入增速相对较低，支出不到位的问题突出。

第二，环保专项资金。所谓环保专项资金，是指排污费以及其他财政

预算安排的用于环保的资金，是一种重要的生产补偿方式。环保专项资金主要包括中央环保专项资金、中央财政主要污染物减排专项资金、城镇污水处理设施配套管网以奖代补资金、执法专项资金等。

第三，国债保障支出。中央政府发行国债用于环境保护，已经成为环境保护一个重要的资金渠道。1998年以来，我国以国债投资的方式极大地促进了环境基础设施的建设和发展，吸引了大量民间资金的流入。1998—2005年，用于城镇污水处理的国债投资累计达到1115亿元。但是，"十一五"以来，用于环保的国债投资规模逐渐下降。

第四，财政转移支付与生态补偿。随着分税制改革的推进，为了补偿地方、平衡地方发展，中央实施了财政转移支付制度。从1998年开始，中央财政通过退耕还林、天然林保护等生态建设工程，增加了对生态补偿科目的财政预算，以加强生态保护。2005年中央还就生态补偿机制的进一步完善而制定了专门的意见文件，通过财政转移支付制度实现了对生态补偿问题的高效统筹。

2. 执政党思想资源整合

思想资源整合，即意识形态的整合。诺斯将意识形态作为非正式约束的核心部分，肯定了其在社会经济发展过程中所起的作用。一是意识形态作为人们的主观信念，不管是基于微观层面还是基于宏观层面，都对其所处世界做出了整体性解释。正因如此，意识形态能够修正个人行为，减少集体行动中的"搭便车"行为。二是意识形态有助于降低衡量和实施合约的交易费用，从而对提高经济绩效、促进经济发展具有重要作用。达尔从统治者的角度揭示了意识形态的意义："与用强制手段相比，运用意识形态的权威手段进行通知要划算得多。"就中国而言，执政党在新时期的意识形态可以促进流域水环境相关主体间的协调，进而推动联合治理。

执政党思想资源的整合，体现在科学发展观上。中国各级政府长期以来将提高经济效益和单纯追求GDP增长置于核心位置，一方面，造成地区之间、阶层之间差距拉大，并引发矛盾；另一方面，粗放型经济增长方式，使得人们对自然资源包括流域水资源无节制开采，导致流域水环境被破坏，代际公平遭受严重损害。在这样的背景下，党的十六届三中全会首次明确提出，"坚持以人为本，树立全面、协调、可持续的发展观，促进经济社会和人的全面发展"。科学发展观在党的十七大中被写入党章，标志着科学发展观正式成为一项对党员的基本要求和政治纲领。若能将科学发展观变成可操作的指标融入各级政府官员考核和升降标准中，则可以为各级政府所奉守和落实于行动。

执政党思想资源的整合，体现在构建社会主义和谐社会发展战略上。在科学发展观的基础上，中国共产党提出构建社会主义和谐社会的发展战略。流域水资源配置使用的负外部性问题日益严重，导致流域水环境压力加大、流域内跨界纠纷增多。构建社会主义和谐社会必然要求构建和谐流域。通过科层力量的有效控制及宣传攻势，将构建和谐流域视为党员的一项基本要求，流域地方政府、企业和公民为了贯彻落实这一要求，必然会加强和谐共治。

执政党对流域政府官员进行的思想资源整合意识形态教育，在政治生态中独具效用。但是，应该注意以下几点。一是中央构建的意识形态话语必然具有高度抽象化和理想化特点，不可能充分照顾到各地方发展不平衡的实际情况，这就容易使意识形态教育成效降低。二是适应市场化改革的需要，中央倡导的主流意识形态具有波动、发展性特点，以便为地方政府创新提供舞台。这虽然鼓励了地方政府的体制创新，但也为地方政府规避、化解政治风险，挣脱中央意识形态的控制提供了方便（何显明，2007）。三是流域政府官员是否虔诚及虔诚程度直接影响意识形态作用的发挥。根据贝克尔（2006）的分析，生产虔诚在很大程度上取决于个人的意识形态。因此，意识形态能否发挥其功能最终还是以个人是否拥有较强的意识信念为条件，而这一条件对于作为"经济人"的流域政府官员而言往往很难具备。

3.1.2　第二阶段：借鉴市场机制的治理

一、指导原则：**市场价格与竞争**

目前，中国在流域水环境治理中运用市场机制，已经建立起门类齐全的水环境经济政策体系，包括排污收费、污水处理收费、排污交易、PPP模式、公共财政等。利用价值规律，通过经济约束和激励条件调控经济主体的环境行为。与直接管制不同，当事人能以其自身认为更有利的方式对特定刺激做出反应。水环境治理市场机制作为直接命令型控制手段的有益补充，优势主要有以下几点：①使用上更加灵活，且能够对更加广泛的领域进行调控，主要方式有税收、押金退还、执行刺激等，可将这些手段应用于绿色生产以及末端治理等领域。②调控效率较高，利用市场机制不仅能够以最低的成本对流域污染实施控制，还可鼓励创新，能够形成一种对污染控制的长期刺激机制。③政治上的可接受性，通过对市场力量的充分运用，实现了较高的透明度。因此，发达国家在流域环境治理领域引入市场机制时十分受欢迎。

市场机制指导下的流域水环境治理政策可以分为：①投入型政策，比如，设立专项资金用于环境保护，向城市污水处理厂提供补贴，对农业生产用水进行补贴等；②价格型政策、生态补偿政策及各种环境税费制度，如对企业排污收费等；③许可型政策，在环境保护领域引入许可证制度，如排污许可证等。市场机制下流域水环境治理政策应用现状如表3-3所示。

表3-3　市场机制下流域水环境治理政策应用现状

年份	水环境政策	实施部门	实施范围
1979	污染赔款、罚款	环保	全国
1982	排污费暂行条例	环保	全国
1984	环保投资渠道	环保、金融、财政、综合计划	全国

年份	水环境政策	实施部门	实施范围
1987	排污许可证交易	环保	实施总量控制的地区
1991	污染责任保险	环保、金融	大连、沈阳
1994	污水处理费	城建	青岛、泰安、合肥、上海、北京、深圳，以及淮河与太湖流域
2002	城市生活垃圾处理费	建设、环保	全国
2002	环境资源核算	计划、环保、财政	—
2002	水污染物排污权有偿使用和交易试点	环保	太湖流域
2003	新的排污收费条例	环保	全国
2008	生态与环境补偿试点	环保	江苏

资料来源：生态环境部、财政部网站。

二、治理方式：排污权交易

排污权交易的发展大致经历了三个阶段。1986—2000 年是起步尝试阶段。这一时期排污交易政策文件和实践从无到有，国家环境保护局最早在上海进行了工业废水排放权交易的初步试点尝试，取得了一些有益的经验。国家环境保护局和上海市环境保护局基于黄浦江上游的具体情况，分析了其纳污能力，进一步对其可允许排污总量进行了评估。1986 年，把总量指标分配给区域内的 404 家企业并向这些企业颁发排污许可证。次年，上海市闵行区率先开展了排污指标有偿转让试点工作。《水污染物排放许可证管理暂行办法》（〔88〕环水字第 111 号）就水污染排放许可证如何管理做出了规定，其中，明确规定了可在本地区排污单位之间进行水污染排放许可证的有偿转让，即各排污单位之间可调剂使用水污染排放指标。随后，环境保护局就国家在"九五"建设期间主要污染物的排放量制订了控制计划，1996 年获国务院批复；确定了在"九五"期间，对环保进行考核时，需要考虑排污权交易污染物排放总量控制的效果，并且将排污许可证制度推广到全国范围。

2001—2006 年为我国排污权交易的试点探索阶段。进入"十五"发展时期，我国将污染物排放总量控制作为环保的重点工作大力推进。为了确保环保进程和现代经济健康发展的需求保持一致，环境保护局采取排污许可证制度，设立了排污交易试点。嘉兴市于 2001 年就水污染排放、排污权交易等出台了专门的管理办法，有偿使用污染排放权。次年，嘉兴市在秀洲区进行区内企业排污权有偿使用和交易制度的试点，2005 年以前，全区所有排污指标初步分配实现有偿使用。截至 2005 年底，秀洲区所有企业的排污权改制基本结束，回收废水排污指标初次有偿使用费 700 多万元。在这一时期，排污权交易主要是依靠政府居中以"拉郎配"的方式进行，不过政策对节能减排、环境保护等方面的作用逐步显现。

2007 年至今为试点深化阶段。在此阶段，各级政府日益重视市场对环境资源配置的基础性作用。政府对排污权交易的重视程度显著增强，开始积极探索可行的排污权交易方式，由此形成了多样性的排污权交易模式，标的物越来越丰富。同时，国家不断出台相关法律法规，政策出台的频率大大提高。2007 年底，环境保护总局等做出批复确定可在太湖流域实施排污权有偿交易试点，并于次年 8 月正式启动。同时，这种排污权交易存在着利润空间，一些企业嗅到了背后的商机，进而出现了很多专门对排污权交易实施商业化运作的企业。各地政府纷纷给予了配合和支持，政企合作促使排污权交易不断规范。我国主要的水污染排污权交易实践与活动如表3-4 所示。

表 3-4　中国主要的水污染排污权交易实践与活动

时间	实践与活动
1987 年至今	上海市闵行区开展水污染排污权交易
1988 年 3 月	环境保护局制定了《水污染物排放许可证管理暂行条例》（〔88〕环水字第 111 号）
1988 年 6 月	环境保护局明确了在徐州、天津、上海等 18 个城市开始试点运行水污染排放许可证政策

时间	实践与活动
1988 年 7 月	《水污染防治法实施细则》明确规定，对于所有的水污染物排放单位，都采取排污许可证制度
1995 年	《淮河水污染防治条例》明确规定，淮河流域的排污单位，向淮河排放的污染物总量必须以许可证规定的排放总量为限
1996 年 9 月	国务院明确提出在"九五"期间对主要的污染物排放总量实施控制，明确这是我国重要的环保政策，从制度层面为排污权交易提供了保障和重要前提
1997 年	嘉兴市秀洲区财政、环保等部门针对该区的水污染排放总量控制等问题出台了专门的试行办法，明确该区的污水处理公司负责经营排污权有偿使用业务，并且可获得经营性收费，得到的收入全部投入该地区的污水处理厂
2000 年 3 月	修订后的《水污染防治法实施细则》规定，各地方环保部门需要基于污染物排放总量控制方案，向各排污单位颁发排放许可证
2002 年 6 月	嘉兴市秀洲区率先开展推行排污权交易试点，把排污权引入市场交易
2005 年 12 月	《关于落实科学发展观加强环境保护的决定》明确提出，为了能够有效控制污染物总量，确保相关制度得以充分落实，要求大力落实排污许可证制度，组织排污交易试点
2007 年 7 月	国家环境保护总局及财政部确定以太湖流域为排污交易试点地区，决定在电力行业试行
2007 年 8 月	诸暨市制定了《诸暨市污染物排放总量指标有偿使用暂行规定实施细则》
2007 年 9 月	随着试点工作的推进，太湖流域还将逐步完成对水污染排放指标交易制度的推行实施
2007 年 11 月	嘉兴排污指标储备交易中心正式建立，这是全国第一家排污权交易机构
2008 年 3 月	武汉光谷产权交易所尝试在产权交易市场中引入排污权交易
2008 年 8 月	北京环境交易所成立
	财政部及江苏省政府等，于无锡市举办了太湖流域主要水污染物排污权有偿使用和交易试点启动仪式
2008 年 9 月	天津排污权交易所成立，并拍卖二氧化硫剩余指标

资料来源：各级政府网站。

我国在排污交易领域进行了积极探索，积累了丰富经验，包括排污权交易管理、运行机制等方面都取得了一些成绩，但在深化试点和推广过程中，也暴露了一些问题。

第一，尚未形成完善的监测监管制度，导致监测监管力度不够，排污计量工作的准确性无法得到保障。保证排污权取得制度的充分落实，实现污染物排放的准确计量，以及有效监督，是十分必要的。然而，从整体来看，我国在污染源监测方面的技术手段还不够先进，未引入最新的监测技术。同时，很少有排污单位配备专门的自动监测设备。因此，监管机构在对企业排污情况进行调查时，无法获得真实的排放数据，很难跟踪记录排污所有权的交易情况，也无法准确核实，对建立规范的排污交易市场产生不利影响。

第二，尚未建立起排污交易市场。结合发展现状来看，各地环保部门负责排污权交易。目前，尚未形成完善的排污交易市场，排污权交易的规则完全由环保部门来制定，环保部门发挥着交易中介作用。但是，在整个交易中没有企业或者机构扮演排污权交易经纪人角色，没有建立排污交易市场中介机构。从严格意义上讲，目前，我国尚未形成二级市场，大多数交易都是在一级市场完成的。为了尽快建立规范的排污交易市场，政府需要以法律法规的方式对此做出规定，为市场的建立提供法律保障，确保市场中有充足的排污指标流通，这是排污交易市场能否建立以及能否持续发展的重要因素。考虑到我国的经济发展形势，对能源的需求快速增加。因此，政府应当制定中长期排污减排规划，避免排污交易市场上普遍存在的"惜售"心理。

第三，尚未形成完善的排污权有偿取得和交易的技术方法。尽管我国在排放配额方面积累了一定经验，分配的公正性显著提高，但是依旧存有改进空间。比如，各地方并未充分运用绩效分配的方法，也并未对排放配额获取方式形成明确的规定，准入标准不够清晰，这些都阻碍了排污权交易在我国的持续推进与健康发展。

3.1.3　第三阶段：发展网络机制的治理

美国学者米勒在《管理困境——科层的政治经济学》一书中描述了一种情形，"如果同时发生了科层失灵以及市场失灵，该如何解决呢？随着善治理念的不断增强，以及基于该理念而兴起的政府改革，多元网络治理机制开始凸显其重要意义"。科层机制惯用"自上而下"的层级控制手段，市场机制主要采取产权自由化及竞争机制手段，网络机制则更强调流域相关主体间的协商、参与与合作。

一、指导原则：流域网络整体规划

流域网络整体规划，是指立足流域的自然环境、资源禀赋、经济发展等特征，综合考虑自然、技术等的客观要求，围绕流域开发治理以及水资源开发来确定流域整体规划。流域规划的制定和实施可以有效促进流域政府间协调与对流域水资源配置使用之负外部性的整体治理。

1. 流域规划的理念变迁及意义

人类迈进工业社会之初，就曾进行过流域规划，但主要是一种由流域政府制定的区域规划，其主要关心如何对流域水资源开发、分配来为地区经济发展提供助力。在这一过程中，对于流域生态系统的状况并不关注，甚至会忽视生态保护而盲目开发水资源，以换取经济的快速发展。这直接推动了流域内各地方行政当局竭泽而渔地开发水资源，并逐渐出现各种流域水资源配置使用的负外部性现象，乃至导致严重的流域生态问题。在这种形势下，人们提出了生态规划理念。生态规划强调的是人与自然之间应当和谐共生；按照生态规划理念，应当注重区域生态功能的维护，保证其完整性，即应当将环境保护与经济发展有效融合；生态规划最终目的是实现区域的可持续发展，强调的是经济发展与生态保护的兼顾。流域规划须突破行政区划的樊篱，从全流域出发并以取得综合效益为目标。这样就可以从根本上改变当前流域政府各自为政的水资源开发模式，通过彼此的协商与合作，有效抑制区域经济活动产生的负外部性，流域水资源配置使用的负外部性得到有效缓解，在经济发展的同时求得流域生态环境的相应改善。

流域规划坚持流域"一盘棋"观念，旨在使区域的经济发展与水资源保护有效协调。故此，流域规划有着非常宽泛的内容，如流域水资源开发和整个生态系统的保护；流域产业的规划、布局，以及流域城市的建设规划；等等。其中，流域产业整体布局的合理性尤其重要，流域规划视其为核心内容。产业结构是人类作用于生态系统的主要环节，与流域生态环境关系密切。当前，正是流域政府分割市场的地方保护主义行为，导致各辖区产业"大而全""小而全"，继而引起恶性竞争的问题。这不仅使辖区产业无法因地制宜取得规模效应，进而持续、有序、健康发展，而且因对水资源的争相破坏性开采和污染，流域水资源配置使用的负外部性现象愈演愈烈，酿成严重的流域生态危机。对此，我们应当转变发展理念，基于流域生态系统的整体保护来合理布局流域产业，对流域干支流、上下游产业应当如何布局做统一的规划，优化全流域产业布局，实现对区域间产业的优化与调整，提高合理性。

然而，对整个流域内的产业布局进行调整必将引起流域政府间的利益矛盾。以黑河流域为例，上、中、下游的生态、生产、生活系统存在发展失调问题。对此，必须加快实现对整个流域的优化布局：上游地区应当以天然草场、天然林等为主，以使上游的水源涵养功能得以逐步恢复、增强。对中游的农牧林结构做出调整，对于那些高耗水、排污严重的产业应当采取抑制措施；同时，减少农田面积。下游应提高灌溉水平，加强人工绿洲建设。从长远来看，尽管有利于黑河流域经济的可持续发展，但是这样的产业转型不仅会牵涉上、中、下游地区之间的利益，还会附带牵涉国家利益、地方利益、部门之间的利益，以及经济、生态、社会等方面的利益冲突。故此，综合协调并不是一件容易实现的事情。在这一意义上，可以认为通过什么方式来制定流域规划是一大难题。

以往流域规划的制定通常采取两种方式：一是各部门各自治理，相关部门自行确定其流域管理规划目标，明确规划要求，组合成统一的流域管理规划。但其本质上是拼凑起来的，各部门之间既没有配合也没有协调合作。二是少数规划者，凭借经验和专业知识进行规划，以文本和图纸的方式制定方案，但是既没有充分考虑各利益主体的需求，也没有与流域政府进行充分协商与沟通，更未曾得到其认可。这种规划很难建立有效约束各方、合理的监督机制。实际上，各方依旧会各行其是，规划没有发挥应有的监督与协调作用。有学者对以上两种规划制定方式进行了批判，强调应当由代表中央政府的流域管理机构制定流域规划，以加强规划的权威性。但是，这一主张片面强调了规划制定的强制色彩，对流域政府间就规划展开的协商、谈判重视不够，如此制定的规划很难获得流域政府的认同并真正落实。

2. 协商、参与：府际治理的引入

府际治理的理念应被引入规划制定过程。换言之，该过程要求各利益主体能够平等参与其中，在此基础上进行沟通协商，而不应当视为一种强制性过程，而草率敷衍。流域政府应当以建设性的合作态度真诚地与流域其他政府进行沟通、交流，建立信任。也就是"各利益主体可通过协商沟通的方式就资源与环境问题达成一致认识，使自利和利他能够统一"。在此基础上确定的流域管理规划，真正考虑了各流域政府的利益并保持平衡，从而获得流域政府的支持并忠实执行。在这一意义上，完全可以认为流域规划理应归为府际治理机制的范畴，而非科层机制抑或市场机制的范畴。

不仅如此，流域水资源综合开发牵涉的因素非常多，不仅有流域水资源，还有社会、经济、动植物等因素。所以，对流域水资源的开发与利用进行科学论证要求日趋提高，只有在充分调查研究和科学论证的基础上，才有可能制定合理可行的规划和战略。很多国家在对流域管理制定总体发展规划时，越来越重视专家的意见，以最大限度地减少决策失误，提高流域规划的科学性。比如，多瑙河、密西西比河等流域规划设计就充分体现了这一点。美国还专门成立了科学实验室，与科研机构、高校、企业等合作制定密西西比河开发方案。同时，国外对流域管理中公众参与的重要作用十分重视，认为这是十分关键的因素，可以基于多个角度对流域规划是否合理进行审视，有利于形成相对更优的方案。所有这些，均显示出流域规划制定过程中协商手段的运用，验证了流域规划制定过程的府际治理本质及其重要性。

流域规划能增强流域政府之间的沟通与协作，促进实现对流域水资源配置使用之负外部性的协作治理，从而可以从根本上改善流域生态环境。但前提是必须通过以下两项措施来保障流域规划的实施。

第一，规划公开。"控制任务的完成，要求监督管理者能够鉴别、理解并获取有关行为与结果间的因果联系的信息。控制能力的大小取决于监督管理者所掌握知识的多少，而知识的多少又取决于信息的控制程度。"然而如前交代，由于中央政府一般并不能掌握流域政府的完备信息，因而其对后者贯彻流域规划实施纵向监督和控制作用有限。但若通过各种途径公开规划内容并且为公众所熟知，而公众对所属政区流域政府执行规划情况的了解程度显然要高于中央政府，故而，公众可以将规划内容与亲身观察的流域政府实际表现相对照，进而对后者做出肯定评价或发出批评的声音，可以从根本上弥补中央政府对流域政府监督作用的不足，驱使流域政府尽心尽责落实规划。事实上，这种"以权利制约权力"的监督方式由于采取了公民参与的方式，正符合流域规划作为府际治理机制形式的本质及要求。

第二，司法保障。正如库珀所言："有些政府间关系是自愿形成的，而有些则是强迫或命令的结果。不过即使是前者，也可能是因某种驱动机制的存在而形成的。"巴泽雷同样提出，后官僚制范式也认可，部分人可能不会遵守规范，故需要强制执行措施。流域规划正是如此，尽管体现为自主性的府际治理协调机制是一种实现形式，但是其顺利实施并发挥效用有赖于强制性的司法措施。这种司法保障主要体现在两个方面：一方面体现为支持、肯定流域规划，也就是将流域规划正式公布并明确以流域法律的地位；另一方面体现为对流域政府违反流域规划的行为做出相应惩罚。

司法保障另一重要意涵还在于，为了确保流域整体利益能够顺利实现，在执行流域规划的过程中可能会导致部分流域政府的利益受损，司法保障恰恰可以对此做出救济，并以此保障流域规划在全流域的顺利实施。

二、治理方式：河长制与流域政府间电子网络化治理

1. 河长制

河长制最初是针对跨部门协作问题而提出的，即跨越组织边界而由多元行动主体实现的合作，跨部门合作的特征在于在不同的行政区域、政策领域实现合作。需要合作的主要原因是，仅依靠单个个体无法完成面临的任务。流域治理问题涉及多方面的利益主体，是一个最佳的现代治理试验场，仅依靠单个主体无法达成流域治理目标。河长由我国各级党政负责人来担任，河长的主要职责为组织保护、管理相应河湖，是联合中央政府、地方政府乃至全社会进行治理体系创新的突破口。河长制的发展实践如表3-5所示。

表3-5　河长制发展

缘起江苏
2007年，太湖蓝藻污染事件暴发，《无锡市河（湖、库、荡、氿）断面水质控制目标及考核办法（试行）》明确规定，在对河长进行政绩考核时，79个河流断面水质监测指标属于重要的考核指标
2008年，《中共无锡市委无锡市人民政府关于建立"河（湖、库、荡、氿）长制"，全面加强河（湖、库、荡、氿）综合整治和管理的决定》要求在全市范围内推行河长制管理模式
2008年，江苏省政府出台了《关于在太湖主要湖河实行"双河长制"的通知》，确定了由省、市两级领导作为15条主要入湖河流的河长
2010年，无锡市已对6000条河道采取了河长制管理，村级河道也在覆盖范围内
2012年，江苏省出台了《关于加强全省河道管理河长制工作意见的通知》，并且将河长制逐步在全省范围内推广
2015年，全省727条省骨干河道1212个河段大部分都试行了河长制，明确了河长、管护部门及相关人员，资金落实、组织落实、人员落实等目标基本实现
全国推广
2010年，《昆明市河道管理条例》正式开始实施，以地方法规的形式确定了河长制并且明确了各级河长，以及相关部门各自的职能，为河长制的实施提供了重要法规依据

续表

全国推广
2014 年，浙江省委全面推进"五水共治"，将河长制作为"五水共治"的重要环节
2015 年，江西开始实施河长制，明确了相关主体的责任，将河湖管理与保护纳入党政干部生态环境损害责任追究、自然资源资产离任审计，考核工作由江西省委组织部负责，离任审计由审计厅完成
2016 年，浙江省开化县制定了《河长制管理规范》，在该文件中就县级河长制的管理目标、机构设施及配套人员等做出了明确规定，并且确定了在管理、信息及考核等方面的要求

随着河长制的推行实施，流域治理步调显著加快。如太湖流域治理，从 2008 年开始强调资金落实、规划落实、项目落实、目标落实，针对 15 条主要入湖河流先后实施了三轮河流整治方案，取得了很好的效果。2007 年，太湖水质为Ⅴ类，2015 年，太湖水质为Ⅳ类，表明水质得到了改善，且重要指标总氮为Ⅴ类，和 2007 年相比也有了大幅改善，改善幅度为35.6%。富营养化程度也得到了改善，由原来的中度转为轻度；65 个国控重点断面水质达标率为 61.9%，这些水质指标都达到了近期太湖流域治理的目标。从整体上看，太湖河网水功能区水质实现了持续改善，Ⅴ类和劣Ⅴ类河流全部消除。

河长制推广以来取得了一定成效，在一定程度上解决了"群龙无首"的问题。以浙江省为例，2013 年，该省对水资源、水安全等之间的关系有了清楚的认识，意识到了彼此之间的因果联系，因此提出了"五水共治"的治水思路，提出涉水部门应当加强沟通与合作。同年，有多个部门组建了湖泊管理与保护联席会议制度，包括水利、环保等部门，以实现对各区域、各职能部门涉水职能的高效整合，实现对水资源问题的联合治理。同时，联席会议工作机制实现了对所有省管湖泊的全面覆盖，初步实现了对河、湖、库统筹管理的模式。这种工作机制有效地解决了以往在治水工作中存在的职能分割问题，充分考虑了水的多种属性以实现对治水规律的准确把握，从而可以整合力量更加高效地达成治水目标。

河长制实施已将近 10 年，尽管积累了很多经验，在体制机制方面也有一定创新突破，但是整体来看仍有一些亟待解决的问题。一是未以法定方式明确相关职责。因此，河长制是法治还是人治存在很大争议。当前，在推行河长制的地方，以法规方式明确界定河长职责的并不多。比如，无锡、昆明等出台了相关法规，但依旧存在法规缺位的问题。很多地方依旧通过外部强制力来推行河长制，只是将其作为一种临时性运动，导致推行河长制的内在动力严重不足。二是存在权责不对等的问题。在大部分地区，少有河长由县级以上党政"一把手"担任的情况，大部分河长由副职领导担任，有的是村委干部，河长的协调推进能力相对不足。特别是在人事、资金等方面没有足够的话语权，力不从心。三是未形成有效的协同机制。虽然地方政府意识到了"九龙治水"的弊端，也积极探索解决方法，希望能够充分发挥社会力量。但是结合当前的情况来看，边界界定不清晰、公众参与不足等问题很难彻底解决，治水工作中依旧普遍存在协同机制失灵的问题。如江苏某市政府积极组织清理河道，但是居住在河道两边的居民随意丢弃生活垃圾，清理出的河道垃圾量远高于淤泥量。四是未形成科学的考核体系。考核河长的工作，主要是看结果，目标是使水质有所改善。然而，这并不是短期内能够实现的。但如果偏重短期目标，可能会起到相反的作用，使基层河长的工作积极性受挫。故此，迫切要求建立科学的考核制度。

2. 流域政府间电子网络化治理

电子政府是随着现代信息技术的快速发展以及政府的信息化建设而产生的。电子政府通过运用现代信息技术极大地提高了政务处理的效率，流域政府之间的信息交流与沟通进一步增强，促进流域政府间电子治理（e-governance）的实现。这种治理模式突出强调信任与合作，要求提高公众的参与度，使流域水资源配置使用的外部成本问题得到有效解决。

针对流域水资源消费面临的"囚徒困境"，流域"公共能量场"的制度安排给出了美好愿景：通过利益相关者之间的对话、沟通，使各流域政府能够采取集体理性行为。但是,沟通技术对该愿景的实现产生较大影响。所幸近年来,计算机信息技术的发展对此贡献较大。恰如美国行政学家迈克尔·尼尔森(Mike Nelson)早年前预料的:现代信息技术的飞速发展会对政府的职能行使及结构产生巨大影响,政府工作机制,以及社会公众的期望都会受到现代网络信息技术的较大影响。电子政府的出现是技术发展带来的最重要的成果之一。现代信息与通信技术的合理运用,使行政机关之间的组织界限被打破,建立电子化政府,政府运作更加高效、精简、公正,为政务信息的传递和发布提供了重要平台。

综合上述,电子政府并不是将现代信息技术简单运用于政府领域。电子政府使流域政府之间的横向沟通得以更加高效,促进了各方的合作和交流,意义十分深远。这是因为信息技术可对跨组织的交流与合作以及决策制定等产生影响,对流域政府间的协调有着重要作用。现代信息技术的快速发展促进了电子政府的快速发展,从而使得流域政府之间的沟通加强、信任与协调程度加深,对于流域水资源配置使用的负外部性综合治理大有裨益。

"信息与通信技术的运用是公共部门改革与转型的动力源泉",其缔造了电子政府进而促进电子治理政策网络的形成。准确地说,电子治理有助于公共部门提供高质量的服务,促进实现公共部门的多产与开放。因此,电子治理要求公众能够参与决策制定,使得治理结构更加开放。公众参与是流域政府间电子治理多中心网络的应有之义,以进一步加强流域政府之间的信息沟通,增加信任感,促进合作的更好实现,是促进流域水资源配置使用的负外部性合作治理的重要动力因素。

随着信息技术的发展,信息得以更快、更广泛地传播,公众也提出了参与公共决策的诉求。从实践来看,公众参与可带来诸多好处:决策信息更加丰富,提高了决策的科学性;提高了社会对决策的接受与认可程度;公众的积极参与和辅助促进了公共服务效率的进一步提高;政府与公众之间的距离被拉近,政府亲和力增强;等等。公众参与流域政府间电子治理的政策网络同样彰显了这些好处。例如，流域生态管理是一项长期、复杂的工程，与流域各利益主体息息相关。假如不允许合法的政策评议，对于政府来讲，可选择的政策就会越来越少，抑或是无法实施选择的政策，因为这些政策并未充分考虑利益相关者的利益。因此，流域政府电子治理中，应引入公众参与，使其和中央政府、流域政府共同参与流域治理、确定治理政策。公众可为决策的制定提供可靠信息，以提高政府决策的科学性；同时更容易被各主体接受、认同，有助于降低治理成本。此外，还可充分发挥公众的监督职能，监督政府政策的制定和实施，督促政府制定日趋合理的流域管理政策。当政府制定的政策满足公众需求时，公众对政府的认可度会提升。综上分析，引入公众参与流域政府间电子治理，不仅有助于提升流域管理政策合理性水平，还可有效加强政策实施效果的监督，提高流域治理效率；可使政府与公众之间的联系更加紧密，建立信任关系，使得政府决策的实施更加容易，对流域政府间协调和对负外部性的合作治理有着重要的促进作用。

增进流域政府间横向信息交流和信任，推动负外部性合作治理。信任是增进区际合作的基础，而信任又基于信息的充分交流与共享。一直以来，国内在流域管理方面采取的是分割治理模式，不同行政区获得的信息是不同的；同时，治理方式、侧重点有所不同，未能实现对水资源信息的高效运用。各流域政府在参与治理的过程中，为了维护自身利益缺乏与流域其他政府合作交流的意识，导致流域政府之间的关系比较脆弱，影响了流域系统的整体治理效果。电子政府有助于这一问题的解决，依托网络信息技术的电子政府，具备如下特征：一是开放性。电子政府信息系统在合法的前提下将系统信息尽可能多地对外开放，便于外部查询，必要时允许跨界查询。二是协同性。政府信息可实现跨区域传递，不受行政区划分的影响和制约。三是交互性。所有的政府组织都可利用系统实现信息交互与沟通。四是直通性。借助计算机网络技术，可尽量减少其中不必要的中间环节，探索最佳的信息流通路径，确保以"直通"的方式实现信息交换。

这些特征能够增强流域政府之间的信息沟通，使其更加容易建立信任感，对流域水资源配置使用的负外部性协作治理有促进作用。

可加强省县间、县县间的信息交互与沟通，有助于加强流域政府间的合作。电子政府利用电子化工具和手段加强了执行层与决策层的沟通，使现有政府金字塔科层结构的中间管理层次显得多余并趋于消失，政府结构具有"扁平化"特征，拓宽了决策层的管理幅度。基于技术优势，电子政府能够显著增强流域政府之间的横向沟通与协作，可将其概括为流域政府间电子治理网络。电子治理系由"治理"这一概念而来，为后者创造了技术条件和环境，后者则为其提供了价值指引。两者关系密切甚至等价：电子治理就是治理。由于"治理"通常被定义为以信任为基础的"多元组织或网络、更少受规则控制并富有创造力和回应力的互动模式"。可将流域政府间电子治理解释为：依托电子政府使流域政府之间实现信息交互，更容易建立信任感，在流域治理中实现真诚、去规则化的互动政策网络。

公众的参与要求电子治理公开公共事务信息，以确保公众及时获取相关信息及公共信息，这是实现公众充分参与的重要前提与基础。流域政府间电子治理同样如此，必须公开信息，保证公众的信息知情权，以充分发挥公众的力量。应公开的信息涵盖了水质、生态变化、水环境监测数据、辖区产业结构的变化及其对周围环境的影响、采取的流域管理措施、存在的问题、流域管理的相关责任主体，以及责任追究机制等。通过互联网将这些信息向公众公开，有助于缓解流域政府间的信息不对称性，增强彼此的合作，使公众更加全面地了解流域管理的现状。一旦出现政策不合理、治理不力等问题，公众可及时进行反馈，以便纠正、改进。此外，还会刺激流域政府与邻域积极寻求合作，以实现流域水资源配置使用的负外部性共同治理。在这一意义上，可以认为，"政府责任只能来自负责任的官员和公民的相互作用"，重要且合适的相互作用方式则是政府依靠网络将公共事务信息公开，以便民间舆论通过"闲言碎语"的信息传递机制对政府进行监督，驱使其采取诚信、合作行为。

3.2 中国流域水环境治理存在的元问题

流域水环境治理历经科层机制、市场机制和网络机制，虽然三种治理机制各自可发挥一定的作用，但三种机制都存在相应的弊端及风险。在网络机制的治理阶段，已经尽可能地将多个治理主体放置于流域水环境治理当中，众多治理主体的融入从逻辑上应该会为流域水环境治理带来满意的效果，为何当前流域水环境仍较为严峻？在最新公布的河流断面检测数据中，污染严重的水域比例仍高于30%。[①] 本节通过分析主要治理主体间的博弈行为，总结提炼当前在流域水环境治理中存在的元问题。

一、中央政府与地方政府之间的博弈关系

面对日益严峻的流域水环境问题，代表国家整体利益的中央政府有两种策略选择：①监管策略。中央政府为保障流域水资源得到有效治理和保护而加大对地方政府治理和保护流域水环境的监管力度。②不监管策略。中央政府为鼓励地方政府发展各地区的经济而弱化对地方政府治理和保护流域水环境的监管。相应地，地方政府也有两种策略选择：①执行策略。地方政府在发展本地区经济的同时，能够执行中央政府的流域水环境保护政策，协调区域经济发展和流域水资源保护之间的关系。②不执行策略。地方政府从本地区社会经济发展的需要出发，尽可能多地获取流域水资源，不执行中央政府流域水环境治理和保护的政策。

根据理性经济人假设，在博弈过程中，每个参与者都以自身利益最大化为目标，进行策略选择。据此，中央政府和地方政府之间的博弈会产生如下结果：一是地方政府受控于中央政府，获益为零，而中央政府为了实

---

① 数据来源于 2017 年环境统计公报。

施对地方政府的监管，需要付出相应的成本（C）。二是地方政府基于自身利益会做出违背中央政府监管政策的行为，其违反中央政府监管政策获得相应的经济收益（R）；同时因环境破坏造成损失（L）。为避免以上情况，需要中央政府对地方政府的抗命行为进行处罚（E）（$E > C$），这种处罚既可以是经济处罚、行政处罚，也可以是法律惩罚（见表3-6）。

表3-6 流域水环境治理中中央政府与地方政府博弈矩阵模型

中央政府	地方政府	
	执行（P_t）	不执行（$1-P_t$）
监管（P_s）	$-C$, 0	$E-C-L$, $-E$
不监管（$1-P_s$）	0, 0	$-L$, R

地方政府以概率 P_t 执行中央政府流域水环境治理政策的混合条件概率下，地方政府的期望收益函数为

$$\pi_1 = [-E \times P_s + R \times (1-P_s)](1-P_t) + [0 \times P_s + 0 \times (1-P_s)] \times P_t \quad (3.1)$$

故此，要实现纳什均衡的目标，中央政府必须从策略上做调整：在流域范围内地方政府执行政策或不执行政策，其收益结果没有差异。在式（3.1）中，对 P_t 求导数并令导数等于0，得出

$$[-E \times P_s + R \times (1-P_s)] = [0 \times P_s + 0 \times (1-P_s)] \quad (3.2)$$

通过式（3.2）可以看出，公式左边表示地方政府不执行政策情况下的收益情况，公式右边表示地方政府执行政策情况下的收益情况，二者是对等的。地方政府在执行或不执行中央政府策略时，中央政府纳什均衡基础上的监管作用概率是

$$P_s^* = \frac{R}{E+R} \quad (3.3)$$

中央政府以概率 P_s 强化对地方政府环境治理的监管的混合条件概率下，中央政府的期望收益为

$$\beta_1 = P_S[(E-C-L) \times (1-P_t) + (-C) \times P_t] + (1-P_S)[(-L) \times (1-P_t) + 0 \times P_t]$$

$$(3.4)$$

要达到纳什均衡，地方政府采取的策略必须是使得中央政府对流域内环境监管或不监管时，收益都是一样的。当环境监管和不监管时的收益无差异，根据纳什均衡相关理论，假设地方政府混合政策以 $(P_t, 1-P_t)$ 表示，导入公式得出 β 极大值。根据式（3.4）计算得出 $P_s = 0$，进而得到

$$P_s[(E-C-L)\times(1-P_t)+(-C)\times P_t] = (1-P_s)[(-L)\times(1-P_t)+0\times P_t]$$

(3.5)

在式（3.5）中，公式左边表示中央政府对地方政府实施监管后的收益结果，右边则表示中央政府放任地方政府行为的收益结果，显然二者是对等的。因此可以得出：在纳什均衡条件下，地方政府最优的行为策略选择概率为

$$P_t^* = \frac{E-C}{E}$$

(3.6)

从中央政府与地方政府流域水环境治理的博弈中可以看出，在纳什均衡条件下，地方政府与中央政府的策略均衡为

$$P_s^* = \frac{R}{E+R} \quad P_t^* = \frac{E-C}{E}$$

(3.7)

在地方政府行为的期望纳什均衡中，若 P_s 高于 P_s^*，则表示地方政府对中央环境治理政策是执行的；若 P_s 低于 P_s^*，则表示地方政府没有执行中央政府的相关环境政策；若 P_s 等于 P_s^*，则表示地方政府随机采取不执行或执行中央政府的环境监管政策。$P_s^* = \frac{R}{E+R}$ 表示中央政府对地方政府采取监督行动概率，P_s^* 与地方政府不执行环境政策的收入（R）成正比，与不执行环境政策接受的处罚（E）成反比。也就是说，要增强中央政府监管的动力。一方面是地方政府破坏生态环境带来的收益（R）足够大，另一方面是中央政府对地方政府的既有处罚（E）相对小。只有在 R 大于 E 且不断扩大的背景下，中央政府的监管动力才会逐渐增强。

在中央政府行为的期望纳什均衡中，如果 P_t 大于 P_t^*，则表示中央政

府采取监管策略；如果 P_t 小于 P_t^*，则表示中央政府采取不监管策略；如果 P_t 等于 P_t^*，则表示中央政府随机采取监管或不监管的策略。地方政府在纳什均衡中执行治理环境的最优概率是：$P_t^* = \dfrac{E-C}{E}$，P_t^* 与 E 成正比，与 C 成反比。也就是说，地方政府执行中央政府的环境监管政策，受到多种因素影响：一方面，中央政府对地方政府执行行为是否有惩罚机制，若惩罚大，那么地方政府会被动接受中央政策，并执行，执行效果及动力就会持久；另一方面，受监管成本影响，若监管成本较大，地方政府执行能力会受限，执行动力及效果较低。

从纳什均衡的情形来看，提高处罚（E）是影响地方政府的关键性因素，中央政府将 E 提升，地方配合中央政策，执行能力提升的概率会变大；同样，政府监管越严厉，其对应的监管成本越高，地方政府获取不执行环境政策的收益（R）就越小。随着处罚和监管力度的加大，中央政府的流域环境整体利益偏好逐渐得到保证；反之，如果中央政府放松监管，地方政府受到的处罚（E）越小，由此带来的收益（R）就越大。

二、流域地方政府之间的博弈

1. 无上级政府干预下的上下游地方政府间的"囚徒困境"

同一流域不同区位的地方政府各自目标函数不同，都会从自身利益最大化出发，尽可能地获取更多利益。就下游地方政府而言，下游社会经济的发展依赖于所处流域水生态环境，而下游水生态环境的保护在很大程度上取决于上游地区的行为。在上级政府没有相应激励的前提下，流域地方政府往往缺乏水环境治理和保护的动力。根据理性经济人假设，处于流域上下游地方政府基于利益最大化考量，进行相应的博弈策略选择。上游地方政府拥有两套方案：一是治理水域环境的方案；二是不予治理水域环境的方案。与之对应的则是下游地方政府对上游地方政府的两个方案：一是补偿方案；二是不予补偿方案。上下游地方政府就此进入博弈环节，具体分析如下。

在不治理方案中，上游地方政府可获得相应的收益，以 B_2 表示；上游地方政府的不予治理，导致下游水域生态环境恶劣，致使其利益受损，最终所获收益减少，以 B_1 表示。若上游地方政府采取一定措施治理了水域生态环境问题，在治理活动中需要投入治理费用及成本，以 C 表示；下游地方政府因上游地方政府开展了水域环境治理，收益增加，增加收益以 M 表示。下游地方政府需要为上游地方政府生态环境治理提供部分补偿，以 N 表示。一般而言，在流域水环境治理和保护中，上游地方政府进行生态环境治理和保护促进下游地方社会经济发展不是短期而是长期的，下游地方政府获取的收益远大于其对上游地方政府的补偿额，即 $M>N$。在实际中，不容易出现 $M>N$ 的状态，究其原因是上下游地方政府目标利益不同，加之下游地方政府收益并不高，没有足够的资金提供补偿，因此作为理性经济人角色，下游地方政府不可能做出如此行为选择。一般而言，下游地方政府补偿上游地方政府的额度范围是 $M>N>C$。为此，我们可以建立上下游地方政府之间的博弈矩阵模型（见表 3-7）。

表 3-7　上下游地方政府之间的博弈矩阵模型

下游地方政府	上游地方政府	
	不治理	治理
不补偿	B_1，B_2	B_1+M，B_2-C
补偿	B_1-N，B_2+N	B_1-N+M，B_2-C+N

下游地方政府与上游地方政府之间在水环境治理上的博弈策略有四种选择：策略 1：若下游政府不采取任何补偿措施、上游政府不予治理环境问题，那么二者收益为 $(B_1，B_2)$。策略 2：若上游地方政府采取积极治理生态的策略，下游地方政府不给予补偿，那么二者收益为 $(B_1+M，B_2-C)$。策略 3：若上游地方政府虽然没有参与生态治理，但是依然获得了下游地方政府的费用补偿，最终二者收益为 $(B_1-N，B_2+N)$，这种策略收益组合在实际中很难出现。策略 4：若上游地方政府与下游地方政府采取合作策略，即

上游地方政府治理、下游地方政府补偿，二者收益为（B_1-N+M，B_2-C+N）。

运用箭头分析法可以可得出：在博弈中，上下游地方政府会因上游地方政府采取生态治理策略而得到最终收益，即（B_1-N+M，B_2-C+N），这样的策略远好于其他策略；第一种策略的收益（B_1，B_2）最小，这是博弈中最差的策略，若双方不存在任何合约，经过博弈二者收益只能是（B_1，B_2）。在水域生态环境问题治理上，因为上下游地方政府都缺少积极性，最终导致"囚徒困境"。需要明确的是，双方在博弈过程中，由于风险值不对称，上游地方政府处于流域的上端，具有明显的区位优势；而下游地方政府处于流域的中下端，即便对上游地方政府给予了补偿，由于上游地方政府对生态治理没有做出任何行动，依然需要承受水域环境污染带来的损失。区位差异导致上下游地方政府承受的风险系数不同。一般情况下，双方在博弈过程中，下游地方政府会主动提出向上游地方政府提供补偿。双方博弈属于动态博弈，且具有明显的顺序。在动态博弈情形下，上游地方政府有两种选择，即治理和不治理。如果上下游地方政府达成某种利益协议，使得 $B_1-N+M>B_1-N$，上游地方政府才有理由与动力去治理和保护生态环境（见图3-1）。

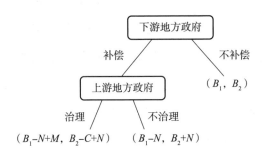

图 3-1　下游地方政府与上游地方政府两阶段博弈

根据图 3-1，通过后退归纳方法可对上下游地方政府不同博弈阶段行为做出综合性分析：从博弈阶段 2 开始，上游地方政府选择治理策略，若下游地方政府已经给出了补偿费用，那么上游地方政府考虑自身利益最大化，会放弃治理行为；即便上游政府不去治理，依然能够获得费用补偿，对于上游地方政府而言收益增加。受信息不对称影响，上游地方政府选择不治理，会使下游地方政府做出不补偿的策略选择。正因如此，上下游地方政府之间存在纳什均衡的策略选择，即补偿治理（B_1-N+M，B_2-C+N）和不补偿不治理（B_1，B_2）。在两种均衡策略组合中，（B_1-N+M，B_2-C+N）是双方收益都得到保证的最佳策略组合，而（B_1，B_2）是最差的策略组合。但是，在实践中双方会选择哪一种均衡策略组合呢？这关键取决于下游地方政府的收益补偿能否满足上游地方政府环境治理的可能性，即上游地方政府治理水域生态环境获得的收益满足 $B_2-C+N>B_2$。其中，$N>C$，否则上游地方政府不会进行生态环境的治理。

2. 在上级政府干预情况下流域地方政府间的博弈

在水域生态环境治理过程中，上下游地方政府的风险系数不同，下游地方政府的风险高于上游地方政府。在生态环境治理的博弈中，上下游地方政府之间一方面难以形成约束性合约；另一方面即使签订了约束性合约，但是合约的履行和监督面临很多风险。上游地方政府由于面临的风险小而存在机会主义的可能，上下游地方政府的博弈往往是一种零和博弈，即一方得益、另一方受损。在此情形下，很难实现流域上下游地区之间的协调可持续发展，迫切需要一个在行政级别上高于流域内各地方政府的上级政府参与其中；代表流域整体利益来协调各地方政府的利益关系，并监督相互间利益协议的实施，避免双方在协议执行过程中出现机会主义的倾向。这个上级政府可根据流域的实际情况来确定，如果是跨省级流域，那么这个上级政府是中央政府；如果是省内流域，那么这个上级政府是省级政府。在上级政府干预的条件下，博弈格局为遵守上级政府约定合约下的上游地方政府与下游地方政府之间的博弈，上下游地方政府任何一方违反流域水环境治理的相关合约，都会受到上级政府给予的相应惩罚。假设博弈双方的任何一方违反合约都会受到相应的处罚（e），由此可得到上级政府干预下上下游地方政府之间的博弈矩阵模型（见表3-8）。

表3-8 上级政府干预下地方政府之间的博弈矩阵模型

下游地方政府	上游地方政府	
	不治理（P_s）	治理（$1-P_s$）
不补偿（P_t）	B_1-e，B_2-e	B_1+M-e，B_2-C+e
补偿（$1-P_t$）	B_1-N+e，B_2+N-e	B_1-N+M，B_2-C+N

在上级政府干预的情况下，上下游地方政府在流域水环境治理和保护上形成新的博弈策略组合：①当上游地方政府不进行生态环境治理和保护，下游地方政府也不进行生态补偿时，双方均未执行合约而各收到 e 值的处罚，其各自收益分别为 B_1-e，B_2-e。②当上游地方政府进行生态环境治理和保护，而下游地方政府选择不给予上游地方政府生态补偿时，上级政府将给予下游地方政府 e 值的惩罚；同时，给予上游地方政府 e 值的奖励，其各自收益分别为 B_1+M-e，B_2-C+e。③当上游地方政府采取对生态环境不保护和不治理策略时，下游地方政府仍选择相应的生态补偿，上级政府将给予上游地方政府 e 值的惩罚；同时给予下游地方政府 e 值的奖励，其各自收益分别为 B_1-N+e，B_2+N-e。④当上游地方政府采取措施进行生态环境的治理和保护，下游地方政府对上游地方政府进行生态补偿时，其各自收益分别为 B_1-N+M，B_2-C+N。

假设 P_s 为上游地方政府不进行生态环境治理和保护的概率，P_t 为下游地方政府采取不补偿策略的概率，可得上游地方政府期望收益函数为

$$\pi_2=P_s\left[(1-P_t)(B_2-e)+P_t(B_2+N-e)\right]+(1-P_s)\left[(1-P_t)(B_2-C+e)+P_t(B_2-C+N)\right]$$

(3.8)

要达到纳什均衡，下游地方政府采取的混合策略，必须满足上游地方政府在采取与不采取生态环境治理措施时的期望收益无差异。根据纳什均衡的定义，在给定下游地方政府混合策略（P_t，$1-P_t$）的前提下，求得 π_1 的极大值，并得到下游地方政府纳什均衡补偿的最优概率为

$$P_t^* = \frac{2e-C}{e} \tag{3.9}$$

同样的方式，在给定上游地方政府的混合策略（P_s，$1-P_s$）的前提下，下游地方政府的期望收益函数为

$$\beta_2 = (1-P_t)\left[P_s(B_1-e)+(1-P_s)(B_1+M-e)\right] + P_t\left[P_s(B_1-N+e)+(1-P_s)(B_1-N+M)\right] \tag{3.10}$$

通过上述方法得到

$$P_s^* = \frac{N-e}{e} \tag{3.11}$$

从流域水环境治理上游地方政府与下游地方政府之间的纳什均衡中可以得出以下几个结论。

第一，在上游地方政府期望收益的纳什均衡中，下游地方政府的补偿最优概率为 P_t^*，如果 $P_t > P_t^*$，则代表上游地方政府采取生态环境治理和保护策略；如果 $P_t < P_t^*$，则代表上游地方政府不进行生态环境治理；如果 $P_t = P_t^*$，则代表上游地方政府随机采取治理和不治理策略。从下游地方政府在纳什均衡时进行补偿的最优概率 $P_t^* = \dfrac{2e-C}{e}$ 中可以看出，提升下游地方政府愿意支付补偿费用的动力，关键在于上游地方政府治理生态环境的成本 C 与对下游地方政府投机行为的惩罚值（e）之间的大小关系，且只有在 e 大于 C 的条件下，下游地方政府才会做出相应的生态补偿。因此，要促使上游地方政府采取治理策略，在给予上游地方政府一定补偿的同时，上级政府可提高对上游地方政府不遵循合约的惩罚系数，减少其机会主义行为。

第二，在下游地方政府的期望收益纳什均衡中，上游地方政府的治理最优概率为 P_s^*，如果 $P_s > P_s^*$，则代表下游地方政府对上游地方政府进行生态补偿；如果 $P_s < P_s^*$，则代表下游地方政府选择不进行补偿；如果 $P_s = P_s^*$，则代表下游地方政府随机选择对上游地方政府补偿或不补偿。从上

游地方政府在纳什均衡中进行生态环境治理和保护的最优概率 $P_s^* = \dfrac{N-e}{e}$ 中可以看出，要增加上游地方政府治理生态环境的动力，关键在于下游地方政府给予上游地方政府的补偿（N）与上级政府对下游地方政府不补偿或少补偿的惩罚值（e）之间的大小关系。如果下游地方政府获得收益而不进行补偿或补偿较低而使上游地方政府做出不治理的策略选择时，可适当提高对下游地方政府的惩罚值（e）来实现下游地方政府对上游地方政府的合理补偿。

由 P_s^* 与 P_t^* 可知，e 值范围应该是（C，N）。e 的变动范围及具体值取决于上游地方政府策略选择与下游地方政府的得益及违约程度。

三、地方政府与企业之间的博弈

中央政府通过委托代理的形式，将流域水环境管理权层层委托给地方政府，地方政府是流域水污染防治的直接和主要责任者。地方政府作为国家流域管理的代理人，承担中央政府在各区域内水环境治理和保护的责任。企业作为经济人，追求利益最大化是其本性。企业的生产经营活动势必对水资源造成不同程度的污染和破坏。流域水资源产权不清晰，往往使企业的生产经营活动给流域水环境带来负的外部性问题。在市场条件下，很难实现企业生产经营活动外部性问题内部化。因而，政府有必要对企业进行监管，以减少企业水环境污染行为，实现企业生产行为外部性问题的内部化。但是，由于企业和政府在环境治理上存在信息不对称问题，企业在水环境治理和保护方面隐藏大量私有信息，在社会环境治理上可能出现"机会主义"和"逆向选择"倾向，从而增加政府监管的难度。

政府和企业都是"经济人"，有各自的目标利益函数，在流域水环境治理和保护中，各自有不同的博弈策略组合。假定政府有检查和不检查两种策略，企业有排污与不排污两种策略。假设当政府对企业进行监督检查时，付出的监督成本为 S；当政府发现企业的排污行为而对企业进行处罚时，设定罚金为 F。一般情况下，F 与 S 之间的大小关系应该是 $F>S$；否则政府没有足够的动力去进行监督检查。假设企业在不治理环境污染的情形下，可以获得收益 R，但同时存在违规排放的良心成本（C）。基于此，我们建立企业与地方政府之间的博弈矩阵模型（见表3-9）。

表3-9　企业与地方政府之间的博弈矩阵模型

地方政府	企业	
	不排污（q）	排污（$1-q$）
不检查（p）	0, 0	0, $R-C$
检查（$1-p$）	$-S$, 0	$F-S$, $R-F-C$

其中，p 为地方政府不检查企业污染行为的概率，q 为企业不向河流排污的概率，得到企业的期望收益函数为

$$\pi_3 = q[(0 \times p) + 0 \times (1-p)] + (1-q)[(R-C) \times p + (R-F-C) \times (1-p)]$$

(3.12)

要达到纳什均衡，地方政府采取混合策略（p, $1-p$），在企业对河流水环境采取排污或不排污两种策略持无所谓态度时，可以得到地方政府在纳什均衡条件下进行检查的最优概率为：$p^* = (F+C-R)/F$。

同理，在给定企业采取的混合策略（q, $1-q$）前提下，可得到地方政府的期望收益函数为

$$\beta_3 = p[0 \times q + 0 \times (1-q)] + (1-p)[-S \times q + (1-q) \times (F-S)] \quad (3.13)$$

在地方政府对企业的排污行为采取检查或不检查两种策略持无所谓态度时，可以得到企业在纳什均衡条件下进行排污的最优概率为 $q^* = (F-S)/F$。

在企业排污的预期收益中，地方政府对企业检查监督的最优概率为 p^*，当 $p > p^*$ 时，地方政府应加强检查监督；当 $p < p^*$ 时，地方政府应放松检查监督；当 $p = p^*$ 时，地方政府可采取检查或不检查策略。在纳什均衡条件下，地方政府对企业监管的最优概率为：$p^* = (F+C-R)/F$，其中，p^* 与 F、C 成正比，与 R 成反比。也就是说，提升地方政府对地方企业检查动力和积极性，可以构建排污处罚机制，并通过罚金降低企业排污管理成本，从而间接提高政府收益。

在地方政府对企业检查的期望收益中，企业排污的最优概率为 q^*，当

$q>q^*$时，企业增加排污量；当$q<q^*$时，企业减少排污量；当$q=q^*$时，企业选择增加或减少排污量。在纳什均衡条件下，企业进行排污的最优概率为：$q^*=(F-S)/F$，其中，q^*与F成正比，与S成反比。也就是说，地方政府在处理企业排污问题上，一方面要加大对企业排污行为的处罚力度，另一方面要采取相应的政策和技术措施降低检查监督成本。

基于上述两点，在地方政府与企业排污的利益博弈中，要实现对流域水环境的有效治理，一方面要给予地方政府相应的激励，以调动地方政府检查监督的积极性；另一方面地方政府要在加大对企业处罚力度的同时，降低环境监督成本。只有这样，才能保证地方政府对企业环境污染行为进行有效监督。

通过对中央政府与地方政府、地方政府之间、地方政府与企业之间的博弈进行分析，可以总结出，造成流域水环境治理失灵的元问题是制度性失效，主要表现在以下两个层面：一是公用资源池视角下无明确产权边界引致的成本—效用错配；二是多重委托—代理框架下的激励冲突。在第一个层面，成本和效用都没有被清晰地度量，行政边界割裂效应明显。在第二个层面，纵向上"自上而下"的动员式资源配置模式往往为地方创设了大量财政支出义务，导致这样的安排不可持续；横向上财政分权带来的地方政府竞争恶化了资源配置和使用的决策，加剧了公用资源池矛盾。在政府内部，横向上存在环境保护目标和财政收支目标的冲突；纵向上缺乏"公共池塘治理"的协商机制和路径。

3.3　中国流域水环境治理元问题的成因

流域水环境治理的元问题主要表现在两个层面：一是公用资源池视角下无明确产权边界引致的成本—效用错配；二是多重委托—代理框架下的激励冲突。这种制度性失效需要放置于制度分析视角下探究。

一、分权化改革催生了地方政府间的经济竞争

1978 年是一个历史转折点，改革开放的号角正式吹响，体制改革从两个方面展开：在行政领域进行了分权化改革，在经济领域进行了市场化改革。其中，行政改革基本上延续了两条发展线：一是行政分权，中央政府将部分权力下放给地方政府；二是经济分权，政府将部分权力下放给企业组织。行政分权是对行政机关不同层级主体的权力配置进行调整，将事权与财权下放给下一级政府。经济分权涉及政府与市场的资源配置、政府与企业的资源配置，是让市场及企业成为主体配置者，政府发挥宏观引导作用，把更多管理权、经营权交还给企业，使企业成为自主经营和自负盈亏的经济独立体。分权改革为中国改革开放打响了第一枪，为中国市场经济的发展提供了条件。1992 年，邓小平南方谈话开启了深入改革的新篇章，改革不仅从权力上进行纵向调整，还要使政府与企业之间的经济分权深入发展，将运营权放手给企业、放手给市场。

在行政分权改革中，中央政府推出了一系列利好措施：一是在立法上，制定了地方组织法，为成立地方机关奠定了法律基础。行政机关、权力机关的权责被明确界定，对一级立法体制实施了改革，并通过法律规定了地方人大立法批准制度、省级人民政府及较大市级人民政府制定行政规章的权力。二是在财权上，为提高地方发展经济的积极性，打破吃大锅饭的局面，提出了家庭责任制、地方包干制等，赋予了地方政府更多财权，同时减少了税收。地方政府能够与中央政府共同分享财政收入，地方财政收入逐步累积。三是在行政上，拓展了地方政府在社会管理方面的权力，提高了地方政府的权威性，其独立利益主体地位逐步被确立，尤其是在财政体制改革后，地方政府的积极性得到较大提升。虽然地方仍存在财政压力，但是地方政府的自主管理权为地方经济增长竞争机制提供了保障，促进了地方经济的发展。

中央政府最初启动分权改革，目标不仅在于调动地方政府的积极性，

还在于调动企业的积极性，改革是循序渐进的，政府向企业分权，上级政府向下级政府分权，逐步下放权力。实际上，在地方给企业分权过程中，很大一部分经营自主权被地方政府拦截。根据相关历史材料：在实施分权过程中，计划管理工业产品数量减少了近半数之多，统配产品数量减少近九成，商业部门计划产品数量减少近八成，这些产品的生产销售权最终划拨给了企业、个人（刘国光，1991）。在政企统一体制中，企业利益与政府利益是捆绑的，企业之间的竞争实际上是政府之间的竞争。如在维护本地企业利益最大化博弈中，地方政府禁止本区域外产品进入本地区售卖，同时限制本地生产原料对外销售。一些地方充当了企业不正当经营的保护伞，分权改革扩大了地方政府之间的竞争。

分权改革促使各政府组织充分挖掘本地资源，调动本地生产力量，加快生产，对促进地方经济的增长具有重要影响。部分学者表示，这一时期中国经济快速增长，与这类政企合一的体制有一定关系。如钱颖一认为，中国在 20 世纪 80 年代，通过分权及包干措施，让财政权分割到地方政府，促进了地方政府发展经济的积极性，促进了地方经济的发展。同时，这类运行机制也带来了消极影响。地方财政收入成为地方政府的主要收入，为了保护本地资源和本地市场，各地方政府为了追求利润最大化，不惜制定地方保护主义发展战略，导致了市场分割严重、投资泛滥等问题。基于这一现实，水域环境治理工作也陷于被动僵局中。

二、以 GDP 增长为核心的政绩考核制度加剧了恶性竞争

随着改革开放的深入推进，地方政府为了实现地区经济快速增长，地区之间展开了激烈竞争。经过行政分权改革，地方政府虽然拥有独立性管理权和财政权，但地方政府并非政治实体，地方政府拥有的权力实际上是中央政府授予的。分权改革实际上是行政管理的授权改革，权力是否下放到位、下放权力配比、下放时间、权力回收等都由中央政府决定。实施分权改革后，中央政府与地方政府的管理权限并不固定，如 20 世纪末中国政

府先后将工商、税收及国土等部门变为垂直管理，并于 1994 年推出了分税制度，这些调整实际上是中央政府对地方政府权力的变相回收。地方政府推动经济增长的热情很高，说明地方政府行为背后存在更大的激励。学者周黎安（2004）提出，在 20 世纪 80 年代，中国官员出现了恶性竞争行为，围绕地方经济增长的目标展开了"晋升"比赛，地方经济增长成为官员晋升的衡量指标。

在对地方政府工作者进行考核时，关键一项指标是 GDP 增长，显然将其作为考核指标是有现实原因的：一是经济建设是重点，而 GDP 是衡量宏观经济增长的指标之一。换言之，只有地方经济增长了，国家经济才会得到增长。因此，地方 GDP 增长成为地方行政人员业绩考核目标之一。二是行政监督具有特殊性，地域划分管理办法使每个层级官员在其职权范围内都有一定裁量权，即便是在社会主义市场经济发展中，地方政府依然对重要市场资源具有支配权。这种公共权力具有垄断性，易滋生腐败行为。同时，对地方行政人员的约束有限，上下级之间存在信息不对称的问题，监管上具有一定难度。综合来看，GDP 作为考核指标有其积极意义：一方面，以 GDP 增长为考核指标，能够让被考核者更加信服；另一方面，GDP 增长指标具有可衡量性和可比性。此外，通过考核 GDP 增长，能够激励地方干部将更多精力用到经济生产和发展上。因此，各级政府展开激烈的经济增长竞争。尤其是"十二五"规划中，预期 GDP 目标为 7%，结果 GDP 增加至 11%，一些地区甚至达到 13%；在"十三五"规划实施中，中国经济呈现高速增长态势，GDP 数据远高于预期目标。

综合上述可以看出：将 GDP 增长作为地方行政人员政绩考核指标，促进了地方经济的持续性增长；同时作为监管激励手段，减少了监管信息不对称的问题，监管效果大大提升（周黎安，2007）。但是，任何一项决策都具有两面性，在发挥积极作用的同时也可能会产生消极影响。以 GDP 增长作为考核地方行政人员的标准，产生了一些不良后果，具体体现在：一是地方政府职能配置不合理，在市场经济条件下，政府的重要职能是应对市场失灵问题，从而对公共服务及公共资源进行合理配置，缓解市场不稳定性因素的影响。若是将 GDP 增长作为衡量地方行政人员绩效的标准，会导致为了提升职位或自身绩效，盲目关注经济增长，忽略其他社会职能履行，导致地方财政支出出现偏差，资金过多投入到经济发展上，缩小了地区之间的合作空间。基于这一考核机制，地方政府之间的竞争不再局限于经济竞争，在实践中，地方政府之间的竞争已经出现政治竞争和经济竞争融合的问题。二是导致"零和博弈"。置于水域环境治理情境，同级政府之间合作空间小，只有不改变参与人竞争的相对位次，合作才能发生。显然，这一时期中国行政绩效考核制度存在不足，同级政府之间合作空间小。

三、条块分割的结构为区域合作制造了障碍

行政系统是复杂的体系，从纵向上可以划分为三级制政府、四级制政府、五级制政府等；从横向上有地区结构政府、职能结构政府两种，一级政府是由行政区域和职能部门组合而成的。《中华人民共和国宪法》对行政区域做出了解释：行政区域是基于政治统治和行政管理，根据相关法律内容，综合了地理、经济、民众等因素，对国土进行划分的行政单元，并在这些行政单元设立政府机构，实施分级、分区管理。整体来看行政系统更像是一座金字塔，横向结构中缺少"鸽笼式"结构。对于这类纵横交错、条款分割的系统，行政执行时存在三种关系：一是内部纵向关系，通过严格的制度监管，提高行政执行效率；二是政府之间的横向并列关系，通过其专业职能，提高行政效率；三是内部横向关系，通过地区划分调控管理幅度，确保行政效率，地区和部门之间会存在横向沟通与合作的问题。

行政区和经济区是两个不同的概念，属于不同性质的区域类型，划分标准也不一样。经济区边界界定较为模糊，行政区边界由法律界定，且是一个相对完整的行政单元。经济区往往跨越几个行政区。从地方政府组织

法规定来看，地方政府只在其管辖范围有履职权力，一旦超出其管理范围，其权力便无效。行政区对经济区有一定的管辖权，而一个经济区有可能受多个行政单位管理，从而形成了"巴尔干"现象。国内学者称这种现象为"政治碎片化"。"政治碎片"简言之就是某一区域承载多个地方政府机构，不同地方政府推出了不同的管理措施和政策。"政治碎片"可以从两个方面理解：一是地域上的碎化；二是职能上的碎化。前者表示地方政府对管辖的区域实施管理，并没有对整个区域实施管理；后者表示在特定区域地方政府职能在若干个主体之间进行分割，没有一个统一的单位来履行职能。条块分割带来的"政治碎片化"产生了不利影响，如地方政府各自执政，将区域市场划分为多个模块，无法进行整合统一管理；地方政府相互竞争，为了获取更多资源展开"红海之战"；区域划分导致配套基础设施不合理，部分区域公共服务充足，部分区域公共服务缺乏。条块分割影响了区域的整体规划，无法有效展开统一行动，进而影响了区域经济、文化、政治的全面发展，这也是水域环境治理要面对的现实问题。

四、协调流域水环境治理主体横向关系的法律制度缺失

在法治社会，法律制度是解决社会矛盾及问题的重要武器。但是，我国水域环境治理还存在法律制度缺失问题，表现如下。

第一，重视纵向政府关系，忽视地方政府横向对等关系。根据《中华人民共和国宪法》的相关规定，中央人民政府是最高国家行政机关，有权领导各级地方人民政府，将相关工作部署分配给地方政府，并对其具有监督权。同时，《中华人民共和国宪法》对中央、省市以及地方政府权责做出明确划分。《中华人民共和国地方各级人民代表大会和地方各级人民政府组织法》也对地方各级人民政府权责、职能等做出明确规定，"县级以上政府领导其所属的工作部门及基层地方政府工作，有权撤销、提升基层政府做出的不当决策"。通过梳理上述内容可以看出：中央政府与地方政府之间、上级政府与下级政府之间的法律关系均由法律做了明确规定。但

是没有对平行的政府关系做出具体规定。在流域水环境治理中，需同级政府合作完成的，在合作中各地方政府的法律地位如何界定，缺少法律依据。有关政府横向关系的法律几乎是空白，这给政府间横向合作带来不利影响。一方面，各地方政府治理水域环境的协调组织是自发形成的组织联盟，不具有法律权威性，一旦需要进行利益协调时，将难以发挥作用；另一方面，地方政府合作权限由上级政府掌控，在区域合作发展中一些地方政府常做出短视行为，为争取上级优惠政策，注重横向竞争，忽视同级政府合作的重要性。此外，受法律制度缺失的影响，在治理中常出现责任扯皮、利益必争的现象。

第二，地方政府对水域环境的治理都是跨地区进行，共同处置权得不到法律保障。根据当前法律规定，地方政府职权集中在三个方面：一是行政决定权，依法采取行政措施并发布命令决策等；二是制定权，对行政规章具有制定权；三是行政管理权，对本辖区的社会事务具有管理权。实现上述三类权力的前提条件是在地方政府管理辖区内，一旦超越这一界限则无法实施。虽然从理论层面上看，法律规定不会给地方政府平等协商带来不利影响，但从治理活动实践来看，地方政府间经协商达成的区域性行政事务安排的权威性和约束力得不到现有法律体系的确认与保护，执行效果并不好。举例说明：为了更好地进行水域环境的治理，合作政府之间需要签订行政协议。地方政府之间签署的行政协议，既有正式协议，也有非正式协议，多数协议是以"倡议书""共同宣言"等形式体现的。这些合作协议缺少法律保障，致使协议执行及实施效果问题重重。相比之下，西方国家地方政府签署行政协议，需要按照相关法律程序跟进，具有较强的法律保障。以美国为例，一旦签订了行政协议，即被视为签署了合作协议，协议具有合同效力，违约将会受到制裁。以西班牙为例，行政协议是公法协议，受到《西班牙公共行政机关及共同的行政程序法》规范约束（叶必丰等，2010）。除受法律约束外，法律还对协议实施提供保障机制，从而有效推动了政府合作项目的顺利实施。

第三，地方政府争议处理机制不健全。根据《行政区域边界争议处理条例》相关规定，对于地方政府边界争议处理可以从两个途径入手：一是协商解决，出现争议后地方政府需要本着实事求是原则，立足地方群众基本利益，互相谅解共同协商解决争议；二是上级仲裁，对于经过协商解决不了的争议问题，双方可以上诉上级政府进行裁决。由此可以看出，行政机关争议解决主要还是按照内部解决机制，缺少诉讼途径，排除了法定层面协调的可能。随着市场经济的发展，地方政府间的冲突会更多，而上级政府忙于处理日常公共事务，很难有精力处理这些争议。

五、合理利益分配和补偿制度的缺失

在流域水环境治理活动中，共同利益是地方政府选择合作的基础保证。简言之，地方政府之间能否实现合作，关键在于地方政府之间是否具有共同利益。在流域范围内，地方政府通过分工合作，可形成一定区域优势，从而给本地区带来各种发展机会，提升地方政府参与国内竞争和国际竞争的能力。要立足长远发展，通过合作为地方经济带来新收益。当然，治理活动会产生相应的成本及费用，不同区域政府分工不同，承担责任不同，付出的成本也有差异，故此地方政府必须将眼光放长远。通过水域环境治理，地方长远利益才有保障。若水域环境治理的总体收益不会给某些主体带来收益，甚至会影响其局部利益，则需要对其提供部分补偿，否则合作无法达成。实施分税制度改革后，财政重心上移，事权重心下移，地方政府承担了更多责任，财政压力加大。财政支付若不加完善，会导致地方产生利益新冲突。合作虽然会带来收益，但会影响当前利益，协商中更多地方政府会选择个人理性行为，以此提高地方财政收入，最终陷入"囚徒困境"。

六、流域水环境治理协调组织机构的松散化

从我国流域水环境治理的实践可以看出，多数治理主体都是非制度性协调组织，这类组织是在地方政府引导下构建的协商组织。协商组织

通过召开协商会议，对治理工作做相应部署安排，组织形式松散，既没有严谨的议事制度和决策机制，也没有全面的监管执行机制。协商过程中若决议对自身有利，组织成员就会积极执行；若协商决议对其无利，组织成员就会淡然处之，或是敷衍了事。协商组织从活动形式上看，更像是交流委员会，虽然对组织成员发展起到引导作用，但是形式过于松散，不具有强制性和权威性。组织运行成本低，随着合作深入，会出现相关利益争端，若地方政府间达成利益共识，合作会继续推进；若彼此缺乏共同利益，合作就会被搁置，加上缺乏监管约束，合作过程中常出现违约问题。

七、传统文化观念的制约

从基层来看，中国社会与国外社会相比属于乡土性社会（费孝通，1985），在这一社会体制中，区域接触少，各自保持较为孤立的圈子，乡土意识较为浓厚。这里提及的乡土意识是指生活在某一区域的人们只认同本地区的生产资料及生产产品，包括民族习惯、民族语言、精神价值等，可以看出，乡土性社会中的人群具有一定的地方保护主义和排他主义（胡逢清，1990）。随着社会开放性发展，社会分工更加细化，区域合作越来越频繁。但是，中国社会乡土意识是根深蒂固的，本土观念浓厚，乡土意识会影响区域深度合作。乡土意识强化了地区紧密性和民族凝聚力。在乡土性社会，坚持以自我为中心，并根据亲属关系将联系圈子从内向外，在这样一个有优先次序的圈子里，"每一个人都有一个以亲属关系布出去的圈"，圈子大小是个人实力决定，圈子具有一定的伸缩性。

受传统文化观念的影响，在行政系统中依然存在较为严格的等级制度约束。在流域水环境治理中，如一条河流流经省级、地级市和县级市，就会面临三个层面的协调。在这种情况下，等级观念不利于流域内地方政府间的平等协商与合作。同时，一些地方政府人员受官本位思想的影响，在与企业的协调中，就会出现不对等的尴尬情景。

◆ **本章小结**

　　流域水环境治理历经科层机制、市场机制和网络机制，三种治理机制在发挥一定作用的同时存在失灵风险。流域水环境治理失灵的元问题主要表现在两个层面：一是公用资源池视角下无明确产权边界引致的成本—效用错配；二是多重委托—代理框架下的激励冲突。在第一个层面，成本和效用都没有被清晰地度量，行政边界割裂效应明显。在第二个层面，纵向上"自上而下"的动员式资源配置模式往往为地方创设了大量财政支出义务，导致这样的安排不可持续；横向上财政分权带来的地方政府竞争恶化了资源配置和使用，加剧了公用资源池矛盾。在政府内部上，环境保护目标和财政收支目标也存在冲突；缺乏"公共池塘治理"的协商机制和路径。

第 4 章

元治理：流域水环境治理元问题
化解的新途径

做好流域水环境治理工作需要做到两点：一是继承业已取得的治理成就，借鉴科层机制、市场机制和网络机制在历史沿革变迁中的经验成效；二是破解治理的元问题，化解流域跨行政区域而导致的成本—效用错配，以及多重委托—代理框架下的激励冲突。元治理方式能较好地应对上述两点需求。元治理的形成与作用发挥需要配套机制，本章借鉴国外治理经验，进而对中国元治理的机制构建提出建议。

4.1 中国流域水环境元治理的必要性

中国流域水环境元治理的必要性体现在两个方面：一是依靠"结果"的元治理协调综合科层机制、市场机制和网络机制三种治理机制，能够充分保留治理机制变迁中累积的成功经验；二是通过"过程"的元治理反思"去中心化"，以政府权威和责任来减少跨行政区域的成本—效用错配，以及多重委托—代理框架下的激励冲突。

4.1.1 "结果"的元治理有效整合三种治理机制

从传统上看，国家治理主要有科层机制与市场机制两种治理机制。科层机制主要依托政府的管控，通过"自上而下"的方式规划调节经济与社会的发展；市场机制则依靠市场这双"看不见的手"，促进资源的配置，调节经济与社会的运行。在两种治理机制中，政府与市场分别扮演着治理主体的角色。20 世纪七八十年代，西方国家兴起了一场倡导治理主体多元化、消减政府管控、依靠多元主体进行治理的改革运动，以网络机制取代传统的科层机制与市场机制。网络机制虽然弥补了科层机制与市场机制的某些缺陷，但同样存在弊端。网络机制对多元主体的强调使得市场、民族国家、混合经济等治理主体地位下降，也使得治理的重点转移到企业间网络、公私合营企业、多边与自组织谈判。多元主体间的沟通与协调增加了治理成本，使得治理的效率受到影响。网络机制不断扩展，从地区层面向国家层面乃至国际层面发展。随着跨国网络的扩张，民族国家越发呈现空心化趋势，西方资本主义国家遭遇发展的危机。三种治理机制在中国流域水环境治理中都曾发挥重要作用。

一、科层机制在流域水环境治理中的作用

科层机制实际上是通过"自上而下"的控制实现流域水环境相关利益主体间的协调和对流域水资源配置使用的负外部性合作治理。正如威廉姆森所言，科层机制最突出的优势在于能够采取强制化的控制手段，这种手段与市场手段相比更加灵活。因此，在面对冲突问题时，利用强制性手段可快速解决。这种协调机制突出强调了中央集权的重要性，即中央有着独一无二的地位与权力，凭借这种超然的优势能够不受流域政府间行政区划的限制，实现对各流域区人力、物力、财力等资源的统一调度，以实现流域治理。实际上，从各国的治水实践也能够充分认识到中央集权的这一好处。维特福格对此也说："修建所需要的灌溉工程和防洪工程，必须有高度的组织性工作，这只有通过有能力规划并执行这些工程的政府机构才能实现。"

制度经济学认为，中央政府主导的科层机制由于能够影响决定交易费用的几个因素，如有限理性、机会主义，以及不确定等，从而可以极大地降低流域相关利益主体间摩擦阻力。具体表现在：一是科层机制能以专业的决策，以及较低的沟通成本，使有限理性的限度有所减少；二是科层机

制以附加激励与控制机制有效减少了机会主义行为的发生；三是科层机制通过对各主体进行利益协调来增强彼此的可预测性，交易的不确定性大大降低；四是科层机制针对交易主体议价的不确定性以命令的方式来解决；五是借助审计手段，加强了信息在内部的流通，降低了各单位之间的信息差异水平；六是和市场机制明显不同，科层机制有着更多的目的，而不只是基于算计来开展交易。因此，经常可得到较为理想的效果。

针对中国分权式改革造成的地方保护主义抬头，导致流域水资源配置使用产生的负外部性等问题，很多学者都提出可考虑采取科层机制解决。例如，王绍光和胡鞍钢（1993）提出，假设中央为"善良"、地方为"恶"，在此前提下就如何加强中央政府权威给出了相应对策。学者全治平（1992）同样深信，地方竞争及其衍生的地方保护主义导致各地方之间的利益冲突日益凸显，需要依靠中央政府来协调解决。中央发挥着裁决及协调的作用，各地方必须服从中央指令；同时，一些地方之间的利益冲突，是因为国家没有做出明确、合理的界定。对此，需要由中央政府进行调整，以从根源上解决这些问题。金太军（2007）也强调，针对地方保护主义，为了有效抵制该现象，中央政府必须充分发挥其协调功能，以使得区域公共管理水平不断提高。具体来讲，要求在地方政府间出现矛盾和冲突时，中央政府能够凭借其超脱地位和权威性，发挥公正裁判的作用。此外，这应成为地方政府实现信息沟通的重要方式。当然，中央政府有相当大的意愿从体制内对各地方政府的不当行为予以纠正和调整，保证竞争的有序和公平，从而确保社会福利水平最大化。

二、市场机制在流域水环境治理中的作用

市场机制建立在自由市场环境论的基础上，当一种公共资源转为由某个人所有时，此时就可以实现对该资源的维护及管理；并且管理水平直接决定交易价格，两者呈正相关。因此，资源通过市场机制进行交易就能够从中获得较大收益。市场机制具有的一大突出优势是能够有效应对"公共

池塘资源"枯竭的危险。市场竞争使得竞争双方为了取胜不惜消耗成本，并且积极探索新的知识和经验，为了吸引消费者甚至揭露对方的不足，从而使得市场中信息的不对称性得到有效缓解（柯武钢、史漫飞，2003）。如此一来，在竞争的市场环境下，机会主义、非理性行为等都会出现，进而对这些问题进行矫正。这意味着将市场机制引入公共资源配置领域，"搭便车"的行为将会无处藏匿，使得市场行为更加理性。从实践层面来看，如果能够充分发挥以上优势，使市场竞争与产业自由化紧密结合，则会产生一种理想效果：市场机制在优化资源配置方面的突出优势将得到充分展示，公共资源的消费也将趋于理性。

排污权交易充分发挥了市场机制以及产权制度的竞争优势。以科学的方法对污水排放量进行分配，在此前提下，由排污主体自行进行排污权的交易活动，即以市场机制来流转排污权，实现余缺的有效调节。但是，排污总量必须维持在固定、合理的水平上。通过这种方式，还可减少负外部性的影响。因为提前将排污费用纳入了企业成本，所以企业会通过提高价格的方式来弥补这部分成本，影响企业的市场竞争力，进而促使企业加强对排污的控制，降低排污量。此外，PPP模式成功地将市场机制巧妙运用于公共产品供给过程。总体来看，市场机制不仅能使流域水资源配置使用的负外部性得以有效降低，而且能消除这种负外部性。

不仅是对水资源，市场在对其他资源配置方面也有突出的作用。因此，采取具有市场竞争优势及产权制度优势的措施来开展水域环境治理、加强对水资源的保护，有助于规范政府的职能，有效减少流域地方政府的保护主义行为，以使流域政府间的横向沟通与合作进一步增强，消减区域经济活动外部性，最终实现流域水环境的合作治理。

三、网络机制在流域水环境治理中的作用

20世纪70年代，在研究组织间网络关系时，学者们频繁使用"网络组织""组织间网络""半组织"等概念，这些概念和科层结构、正式契约是相对的。组织间网络，是一种与等级制、市场机制有显著区别的经济协调方式。一些学者提出，组织结构可理解为相关的组织经过长期的互相作用、影响而形成了一种较为稳定的合作结构，组织可通过集体决策的方式确定产品或服务的供给，以使组织更好地应对外部市场的变化，并提升自身的竞争实力。此处的组织，可以是企业、政府机构等。随着相关研究的逐步深入以及实践的推动，组织间网络研究逐步形成网络治理理论。琼斯对此展开了研究，提出网络治理中含有对自主组织有选择的、持续的、结构化的安排，为了提高自身应对外部突发事件的能力，而基于隐喻和宽泛的协议创造产品、服务。"有选择的"代表网络成员是基于某个共同目的彼此间存在较为密切的联系，即交易频繁，但并不表示这些成员属于相同的行业；"持续的"代表成员之间的相互作用是持续发生、不断重复的；"结构化的"代表网络内成员之间的交易关系既非制度化也非随意。依据该论述，网络协调、系统维系是基于"隐喻和宽泛的协议"而实现，强调的是网络内部之间的关联并不是正式关联，而是非正式的。

从全球范围来看，跨界区域公共问题日益凸显，各界普遍认为，在公共管理领域进行跨界管理十分必要。在一个快速发展的时代，重新设计组织章程并不是最佳选择，消除组织间的僵化界限才是最重要的。政府间关系的调试需积极引入网络治理理念，奥图勒归纳总结了这一趋势的重要性：①在公共管理事务中，一些事务无法分割成一个个独立的任务目标，并由不同部门独立完成。因此，跨机构合作是必须的。②对于一些比较复杂的事务，为了确保相关政策的有效落实，需要借助网络化的结构。③基于政治性压力，为了实现政策目标而对网络化结构提出要求。④必须积极、努力使各种联系制度化。⑤满足跨部门、跨层次管理需求。比如，交通项目的规划设计不仅需要考虑土地资源的利用、交通效率，还面临能源保护等诸多问题。故而，网络于公共管理并非一时，已成为政府管理领域的热点课题。

将网络机制应用于政府管理领域，产生了一种与市场机制、科层机制有显著区别的政府间协调机制，即网络治理机制。从内涵上看，网络机制与网络治理机制是一致的：都强调弱化不同政府机构的管辖权界限，提出针对区域性公共事务以协商、讨论等方式实现合作治理。网络治理机制的特点也与网络机制相吻合，可以归结为：①网络治理机制是以解决问题为焦点，被视为一种行动导向的过程。②地方政府间相互依赖，彼此不是竞争对手而是伙伴。③网络治理机制强调网络发展、沟通等的作用，倡导政府间通过积极沟通、信息共享等方式实现高效协作。④倡导公众积极参与政府决策。网络治理机制在协调流域政府间关系过程中发挥的作用，正是以流域"公共能量场"、流域规划等方式来实现。网络治理机制的内涵与特征从其实现方式中得以充分体现，并且由此发挥了一种特殊的作用，具体如下。

第一，有助于化解信息不对称导致的问题。实际中，很多领域都存在信息不对称的情况，即其中一方具有信息优势，可获得比另一方更多的信息，信息获得较少的另一方则处于信息劣势。目前，在流域治理实践中，流域政府间存在的不协调问题主要是因为彼此的信息不对称，即对流域其他政府辖区内的流域水资源污染以及消费的情况并不了解。流域各政府对本辖区的情况更加了解。但是对流域其他政府的了解十分有限，即存在信息不对称现象。在这种情况下，流域政府就具有实施保护主义行为的动机和条件，目的是向外部呈现良好的经济社会效益，提升自身的政绩。尽管有一些流域政府最初对这种保护行为是抵触的，但是因为未形成通畅的沟通机制，导致外部对其并不了解。同时，机会主义能够使流域政府得到短期利益，面对诱惑，流域内政府多半会选择保护行为。如此一来，在流域水资源管理中就会出现"囚徒困境"。结合前述分析，在流域政府间建立高效、通畅的信息沟通机制，加强流域政府间的沟通和对话，是十分必要的。流域"公共能量场"、流域规划等都可实现这一目标。简言之，相应的制度安排为增进流域政府间的沟通提供了可能，使流域政府间的信息趋于对称，有助于各方达成共识。

第二，建立信任关系，充分运用协商手段。如同加德纳提出的，为了确保多样性不被整体性掩盖，要求有一种多元论的哲学，允许异议的开放氛围，并且允许子社区在更大团体目标背景下保持其地位和份额的机会。为避免整体性被多样性破坏，要求存在这样一种制度安排，即能够增强各团体的了解，减少信息不对称的情况，消除争端，增强沟通和协调。网络治理机制就是具有这种功能的制度安排，可有效协调流域政府间关系。如流域"公共能量场"等形式，为流域各政府的沟通提供了多种渠道，并且消除了流域政府间的"存在性焦虑或忧虑"，产生稳定的信任意愿。"没有信任，人类社会就根本不会存在"，信任是"人类合作秩序的基石"。基于信任感的建立，流域政府间能够以多种方式，包括协商对话、协议等手段达成一致，以采取统一的集体行动。这些协商机制与科层机制、市场机制显著不同，科层机制具有强制性，市场机制则主要以交易手段来实现。对比两种机制，协商机制能够达到更好的效果：各方地位平等，彼此尊重、信任，能够通过开诚布公的沟通实现正面、积极的效果；协商还会使彼此的视野更加开阔，有助于挖掘新的共同利益；等等。基于这些优势，协商机制有助于流域政府间达成共识，提高决策的合理性，开展针对流域水资源配置使用的负外部性的高效协作治理。

第三，强调公众参与并发挥其积极作用。针对公共争议的问题，为了采取有效的预防与解决对策且保证这些政策措施有效落实，必须拥有广泛的群众参与基础。从网络治理机制的特征来分析，这一点十分突出，也是近年来经大量试验验证的经验结论：公众参与有助于自然资源管理绩效的提升，在公众充分参与的基础上进行的流域管理，会带来较好的社会效益及生态效益。基于此，将网络治理机制应用于流域管理，将公众参与嵌入流域管理的各环节，包括流域规划的设计、流域政府间电子治理等。为了确保实现公众的充分参与，政府应当建立信息公开机制以作为保障。毫无疑问，在流域一体化管理以及负外部性合作治理方面，公众参与的作用十分突出：①公众参与可提高决策制定的合理化与民主化水平；②在公众的积极参与与监督下，流域政府更加重视流域水资源管理责任，充分践行其责任；③流域规划等信息的公开，易于督促流域政府践行其承诺，增强民众对政府的信任；④流域管理措施的实施可抑制公众的非理性水资源消费。

元治理并非对三种治理机制的取代，而是对三种治理机制的包容、融合与协调。

4.1.2 "过程"的元治理破解治理制度性失灵

一、科层机制在流域水环境治理中的失灵

科层机制在流域水环境治理中不乏成功经验，但"控制外部效应在任何一种情况下都是一个严峻的挑战"（Michael Mcginnis，2000）。想杜绝流域管理中存在的地方保护主义，仅依靠科层机制是远远不够的。Elinor Ostrom（2000）由制度主义入手，对致使科层机制失败的主要因素进行了分析并提出，该机制要想长期存在，需要满足特定的条件：中央政府能够获得足够多的信息，具有很强的监督能力，能够采取有效、合理的制裁措施，且不需要为行政活动承担费用等。然而，实际中这些假设条件无法全部具备，特别是政府难以获得完整的信息。比如，罚金金额设置不合理，存在过高或过低的问题，对合作者进行制裁却没有对背叛者实施惩罚等。David Beetham（2005）分析认为，科层机制下，中央政府面临获取信息的有限性，以及处理信息时遇到的障碍等，在这种情况下，为了确保相关政策的有效落实，必须建立由下到上通畅的信息沟通渠道。但是，科层机制中各层级政府能够获得的信息呈现金字塔形，层级越高意味着获得的信息越少，这导致了很多问题，如信息堵塞等。除此之外，科层机制在信息方面还会受到信息泛滥的影响。

科层机制在实际运行中不仅面临信息难题、昂贵的监督成本及执行费用，而且使其自身处于十分尴尬的地位。由于该机制依靠的是由上到下的

控制，并且这种控制模式有较大的依赖性，可能会产生以下负面影响：流域政府长期被动接受中央政策指令，自主性与独立性受到压制，流域间主动协商与合作的积极性受到影响，进而降低流域间的合作，导致流域间因为水资源配置而产生隔阂、矛盾，具有较大的负面外部性。在这种情况下，无法通过流域间建立信任互惠的方式有效解决问题。

二、市场机制在流域水环境治理中的失灵

市场不是万能的。以亚当·斯密为代表的古典自由主义者极力推崇市场的自发力量，但1929—1933年席卷西方世界的大萧条彻底揉碎了古典自由主义的市场神话。由于完全竞争和完备知识的前提并不存在，单纯的市场机制不可避免会出现失灵的情形，如自然垄断、信息不对称等。"如果听任市场自身运行，那它产生的再分配将比他的效率更少。"（Charles Wolf，1994）市场并非完美的资源配置方式，在一定程度上需要依靠政府力量来弥补，以建立功能上较为理想的组合。

促进流域水环境治理多主体间的协调，市场机制基于产权制度与竞争机制显示其优势。但应重视与政府力量的有机配合，尽可能减少市场失灵的情形，克服市场的局限性。做出包括水权交易、排污权交易等市场机制策略选择时，政府适度介入并发挥一定的监管职能很有必要。

三、网络机制在流域水环境治理中的失灵

简言之，网络机制为流域政府提供了高效的信息沟通平台，使双方的关系更加融洽进而逐步建立信任关系，通过各种协商手段达成一致的对策。基于网络机制有着较高的运行效率，目前各国在探索如何解决流域水资源配置使用的负外部性问题时，越来越重视对网络机制的运用。加拿大政治学教授戴维·卡梅伦明确揭示了这一趋势：不仅是经典联邦制国家的管辖权界限界定越来越模糊，对跨部门的沟通也提出了更高需求，即便是在公共生活中同样出现了这种倾向。由此可见，多方治理的政府间活动的重要性日益凸显，即网络治理。

埃莉诺·奥斯特罗姆提出，面对"公共池塘资源"问题，人们总是想要逃避其应当承担的责任，采取"搭便车"的行为。基于这种背景，无法保证有效解决这些问题。网络机制同样存在缺陷与不足，出现运作失灵的情况。

对此，斯托克提出，如果出现以下情形意味着治理失灵：管理者失误、关键伙伴在时空角度存在意见不统一的情况等。范德芬也认为，网络治理的网络结构会陷于失灵或死亡的境地。原因在于：形式化与控制的增加、积累使网络参与者之间产生矛盾，随着参与者之间依赖性的增强，促使其寻求自主性；随着组织间交易活动的增多，彼此由原来的互补逐步趋同，致使组织间冲突加剧。此外，在网络管理中，动态变化的环境，以及其他不确定性因素也会对网络机制造成威胁，终将致其"死亡"。

威廉姆逊注意到，网络机制在协调方面同样存在很多问题。比如，由于信任不足而产生"搭便车"现象，致使决策制定成本较高；法令或者市场无法令网络发生变化，合作者必须彼此认可。故此，意味着需要耗费更多的时间与精力，特别是在外部形势出现变化时，网络具有不稳定性且十分脆弱。对此，约翰逊与马森十分赞同：面对脆弱的网络，稳定、可靠的交易要求只有以"特殊的契约"形式才能实现。网络管理是一项非常困难、复杂的工作，组织间网络的运作环境高度动荡、十分复杂，这就决定了其与正常的组织相比，更加脆弱。

杰索普另外揭示了网络机制在具体实践中面临的多重选择困境。一是合作与竞争的矛盾。合作是共同治理的基础，但过度强调合作与共识可能会导致对外界变化的反应变慢、适应能力下降。二是开放与封闭的矛盾。网络机制要求保持一定的封闭性，控制网络成员，但这会排除一些潜在的成员，丧失新的合作机会。三是原则性与灵活性的矛盾。按照要求，网络成员应当遵守网络管理规则，彼此之间形成稳定的沟通与交互关系，但随着成员之间相互依赖关系的日益复杂化，成员间的关系随时都在变化，管理规则被破坏。

网络机制尤其受到流域政府社会资本存量状况的影响。皮埃尔·布迪厄这样理解社会资本：以占有"体制化关系网络"的方式来得到资源的集合体。对此，罗伯特·普特南提出，这是一种社会组织的特征，如网络、规范等，通过加强协调使社会效率得到提高。简言之，正如肯尼斯·纽顿所说，社会资本主要是由信任、互惠和合作有关的价值观构成，其有助于推动社会行动和成功，特别是使人们倾向于相互合作。需要强调的是，社会资本的主体既可以是个人也可以是组织、整个共同体。因此，流域政府同样可能成为社会资本的主体，具有一系列行为品质，如同情、信誉等。这些行为品质有助于增强流域政府间沟通，有助于促进彼此间开展建设性对话与合作，实现网络治理。因此，基于该角度，流域政府的社会资本存量越高，意味着具有越高的行为品质，更容易建立网络机制。如此一来，我们发现流域政府社会资本存量会正向影响网络机制的绩效水平，前者的增加会促进后者绩效的提升。但是，实际中前者很难达到令人满意的状况，导致后者因此受到较大影响，具体表现如下：①面对机会主义的诱惑很难抵抗，特别是对于那些规模较大的流域。机会主义的感染性非常强，会引起更多的流域政府加入其中。面对这种情况，社会资本对于流域政府而言是一种十分稀缺的资源，同时社会资本存量状况不断发生变化。即便是有着较高的社会资本存量，面对机会主义的诱惑，柔性的约束机制也很难抵制。基于此，网络治理机制并不容易形成且发挥作用。②研究发现，即便是在相同的流域，社会资本的分布情况也不均匀，且存在着较大差异，具体表现为从流域上游到下游社会资本的分布呈递减趋势，从城市到农村也是如此。因此，流域政府间合作意愿呈递减变化趋势，由此就会产生一种现象：上游、城市等流域政府会大力提倡网络治理，但是其他的流域政府并不积极响应，从而增加了建立网络治理机制的难度。

基于网络治理各种实现形式的运作情况，除了上述问题，网络机制还存在如下几个问题：①流域"公共能量场"为各利益相关者提供了沟通谈判的平台，但截至当前"公共能量场"只停留在概念层面，只是话语创新范畴。任何时候，有人群的地方，都会存在某种"能量场"。关键问题是："能量场"有着什么样的结构？对于这个问题目前并没有明确的答案。这就是后现代主义的主要缺陷：虽然"展现了一种对当代人类状况的多面、复杂的评价，然而，想要使用这种观点还存在很大的难度"。②流域政府间电子治理结合信息时代的特征，虽然提出了非常理想的愿景。但是，电子治理受到很多因素的影响，如环境、硬件、软件等；如果各条件具备程度不一，则可能会导致"信息鸿沟"，从而使流域政府间的沟通能力被削弱。不仅如此，电子治理还无法排解这一风险：扩大信息专家影响力，为其介入公共服务大开门路。③流域政府间联盟的目的是借助这种联盟来有效消除巨人政府与超级地方主义之间的隔阂，以充分发挥效率与公平的优势。但是，这并不容易。实际上，在公共行政领域，效率与公平之间的矛盾总是存在。④近年来，为生态规划所浸染的流域整体规划正在努力引入协商、参与等网络治理理念与手段，但在围绕流域产业整体布局调整等问题上，流域政府间取得较为一致的意见绝非易事。

四、"元治理者"化解治理失灵

三种治理机制均面临失灵的问题，治理该何去何从成为学术界思考的热点。英国兰卡斯特大学（Lancaster University）的杰索普提出元治理的概念。杰索普指出，市场机制、科层机制、网络机制均存在失败的可能。市场机制的失败在于经营活动单纯追逐私利，未能真正实现资源的有效分配；科层机制的失败在于政府未能实现重大政治目标——保障公众的利益，防止公众遭受特定利益集团的侵害；网络机制的失败在于不能完全控制治理对象。在杰索普看来，网络治理机制既面临着市场与政府的双重制约：市场的制约体现在资本主义的自组织动力和系统间的统治地位，而政府的制约在于政府掌握的资源与权力；同时，网络机制又面临着自身的制约：网络的有效实施需要对治理对象有明确的界定与了解，实践中需要进行多层次的协调，取决于对象是否接受，以及政府权力的下放导致的诸多问题。除此之外，网络机制还面临着诸如合作与对抗、开放与封闭、可治理性与灵活性、责任与效率的两难困境，导致治理失败。

针对治理失灵，杰索普提出元治理这一应对策略。通过制度设计，提出远景设想，促进治理成员间的协调。元治理具有两个维度的内涵：一是制度上的设计，通过提供各种机制，促进各方相互依存；二是战略上的规划，建立共同的目标，推动治理模式的更新与进化。元治理的目标是在维护民族国家一致性与完整性的同时构建一种语境，使不同的治理安排得以实现。

索伦森认为："不管是公共的行为者还是私人行为者，任何具有资源的行为者都是实施元治理的潜在主体。"保格森和穆索也认为："实际上，任何愿意承担领导责任的行为者，无论是公共管理者还是私人政治企业家都可以实施元治理。"然而，目前更为业内赞同的一种观点是以杰索普为代表的学者认为，"政府/国家应该充当'元治理者'"。杰索普总结了政府在治理中可发挥的作用："政府在行使元治理职权时提供了治理的基本规则，保证不同治理机制与规则的兼容性，拥有具有相对垄断性质的组织智慧与信息资源，可以用来塑造人们的认知和希望，可以在内部发生冲突或对治理有争议时充当'上诉法庭'，可以为了系统整合的利益或社会凝聚的利益，通过支持较弱一方或系统建立权力关系的新的平衡。"在杰索普的"元治理"中，政府扮演着重要的角色。政府是"作为政策主张不同的人士进行对话的主要组织者，作为有责任保证各个子系统实现某种程度的团结的总体机构，作为规章制度的制定者，使有关各方遵循和运用规章制度，实现各自的目的，以及在其他子系统失败的情况下作为最高权力机关采取补救措施"。

本书认同杰索普的观点，即"'元治理者'角色应该由国家扮演"。因为，相较于其他非国家行为者（如私人行为者、企业家，甚至是各种治理网络），国家拥有其他行为者不具有的政治、法律、财政、人力和信息等资源。在政治资源方面，国家拥有合法主权，或者说，国家仍然是"政治共同体中最后和绝对的权威"。具体而言，一方面，国家垄断了对暴力的合法使用，而且在很大程度上几乎垄断了对暴力的使用；另一方面，在面临诸如自然灾害等难题时，人们仍然会向国家寻求帮助。合法主权或至高权威这一政治资源仅属于国家（在通常情况下）；其他非国家行为者虽然拥有财政、信息等方面的资源，但他们仍然不具有这一资源。在法律资源方面，国家拥有制定法律、法规的能力。法律、法规明确了网络式治理运作的外部制度环境，特别是明确了网络式治理所处的激励架构。当然，国家拥有的这一能力或资源来源于国家的合法主权。其他非国家行为者虽然可以通过内部相互同意的方式来遵守他们相互确立的共同准则，但国家不需要诉诸某个或某些治理网络之下的相关行为者的同意来确立某些行为准则，它完全可以通过法律、法规来确定某个或某些治理网络需遵守的规则。在财政资源方面，国家拥有绝大多数非国家行为者不具有的巨大财政资源。通过运用这一资源，国家可以选择资助、支持它青睐的治理网络。不仅如此，相较于其他非国家行为者，国家还拥有庞大的行政官僚队伍，以及科学家、专家队伍。他们一般都训练有素，拥有某个或某些专业领域的知识与技能，这些知识与技能对于解决网络式治理实践过程中遇到的一些技术问题非常有效，而这样一支人力资源队伍是其他非国家行为者不具备的。在信息资源方面，治理网络虽能以"自下而上"的方式将各行为者具有的信息集中起来，但是如上文所述，这些信息在很多时候不足以使治理网络中的行为者制定出较优甚至是最优的政策。相比之下，对关系民生日常的大部分议题，国家不仅拥有关于这些议题的宏观信息，而且拥有与这些问题有关的某个地区、某个城市甚至是某个社区、某个人的微观信息。由于国家拥有许多非国家行为者不拥有的资源，只有国家是元治理的主体，只有国家能承担起元治理主体应承担的责任，而且只有国家能更好地应对网络式治理在实践过程中面临的诸多问题。

4.2 加拿大流域水环境治理模式的启示

选取加拿大作为研究对象，主要是因为加拿大具有和中国类似的基本国情：国土面积大，流域多，流域跨区域性明显。同时，之所以选定加拿大格兰德河（Grand River）流域作为分析对象，是因为该流域是加拿大南安大略省的最长流域，并且是全世界范围内流域治理的典范。这条北美洲的第五大河流，主要支流有耐斯（Nith）、扛尼斯托格（Conestogo）、斯比得（Speed）、伊拉莫萨（Eramosa）四条河，流域面积 57 万平方千米。流域的中心区域是人口最集中之地，流域涵盖从农业农村到快速扩展的都市领域。

4.2.1 加拿大流域水环境治理的主体结构

在加拿大，流域水环境治理采用一种多个利益主体共同参与的分享治理模式。这种治理模式通常包括五个层次：联邦政府、省政府、地方政府、企业、社区或公众等。这些主体有各自的角色，既相互关联又相互独立。

一、联邦政府

联邦政府的水资源管理权力来源于宪法关于资源所有权条款的规定。联邦航运管理权是联邦政府管理水问题的主要权力来源。1892 年制定的《航运水保护法》中，基于航运权力在加拿大经济发展中起核心作用，给予了联邦政府管理许多水问题的权力。例如，每个省在航运河流上修建大坝，必须得到联邦政府的批准。在既有法律框架下，20 世纪 70 年代早期联邦政府有诸多水资源管理权，但它仅在水质方面发挥作用。直到1970 年，联邦政府通过了首个水资源管理的法律授权——《加拿大水法案》（*Canada Water Act*）。该法案的综合目标是鼓励水资源高效、平等的利用，以满足现在和将来社会经济发展的需要。

《加拿大水法案》明确规定了联邦政府取得水资源管理权力的途径是

与各省协商、谈判达成协议。该法案和其他法律条文使联邦政府获得水管理权力，《政府组织法》和《环境部法》（1970—1971 年）列出了环境部的权力与责任。环境部与联邦政府其他部门一起，分部门管理水资源。联邦政府在水资源管理方面扮演的另一个角色是通过财政支持全国污水处理厂的建设和升级。1987 年，《联邦水政策》（Fedra Water Policy）制定了水管理的目标和行动，依照《联邦水政策》，联邦政府的目标倾向于水质管理。其通过自身和合作性项目、信息和专业发展、技术发展和转移、公众环境意识的提升等来实现管理目标。直到 1988 年，《水资源法案》《渔场法案》《联邦水政策》形成了联邦政府水管理政策的基础。《加拿大环境保护法案》（Canada Environmental Protection Act）强调水污染防治、生态系统维护和氧化物管理等。

在联邦政府层面，涉及流域水环境治理和保护的主要机构如下。①环境部。该部是根据《政府组织法》于 1970 年建立，它的主要任务之一是保护和提高加拿大的空气、水、土地等可再生自然资源的质量及对它们进行合理的使用与研究。②地方经济发展部。该部建立于 1969 年，其任务是为落后地区制订发展计划。③公共建筑工程部。该部负责大坝、水利工程、港口码头及运送木材所需的滑道、筏堰等工程的设计、施工和维修管理。④运输部。该部负责内陆水域和领海水域的船运与船舶事务，依法监督由航运引起的油和其他物质对水域的污染。⑤国家卫生福利部。该部的环境卫生司负责研究对公共卫生有影响的水资源。⑥能源、矿产资源部。该部通常负责制定和执行各种形式能源（包括水电）的发展计划与方针政策。⑦联邦政府的部级委员会。

二、省政府

加拿大水管理相关政策和制度的演化及政策研究表明，省政府在水质管理方面具有突出优势。加拿大水质、水量管理规则主要由省政府在联邦体制背景下制定。根据联邦宪法，省政府实际拥有所有土地、矿产和矿产附属物的所有权，这项权力同样适用于水资源。因此，省政府对水资源负有宪政性、政治性的责任。

就格兰德河所在的安大略省而言，省政府作为主体力量出现在供水、污水收集与处理、卫生保护、野生动物管理等方面，并与地方政府一起建设污水处理厂、饮用水净化厂。但是，省政府的实际水管理权委托给不同的市政部门、区域机构或单一目标功能的电力公用事业单位和灌溉部门。1956年建立的水资源管理委员会管理本省的用水和水质问题。1972年，安大略省建立环境部，以及通过《环境保护法》（*Environmental Protection Act*），对《安大略省水资源法案》（*Ontario Water Resource Act*）中关于水污染和管理的内容进行了补充。环境保护法案禁止各种污染物排放到河流污染水环境。

省政府参与水污染管理中的环境评价。环境评价起初仅由省政府及其机构承担，后来扩大到环境保护部门、市政部门。所有涉及水环境问题的重大项目，除经过市政部门的环境评价外，还必须得到省政府环境评价的许可。

加拿大各省都设有水管理机构。以安大略省为例，安大略省的水管理机构包括环境部、自然资源部、农业和食品部、财政经济和地方政府间的事务部、安大略水电动力委员会、工业和旅游部及卫生部。其中，环境部和自然资源部是主要的水资源管理部门：①环境部。该部下设有水资源局、供水和污染控制局及空气和陆地污染控制局。②自然资源部。该部负责管理、保护国家的土地和水域，以及土地、水、森林、鱼类等自然资源的利用，并使土地、水和矿业资源的利用对环境的不利影响减至最低限度。其他部门主要有鱼和野生动物局、公园局、土地局、自然保护管理机构分局和矿业局等。

三、地方政府

地方政府和机构在水资源管理方面起着关键性作用。省政府把大量的责任委托给地方政府，像供水、污水收集、土地使用规划及众多的市政和区域的水质管制等。地方政府和机构在污水处理、家庭用水供给、一般的水利基础设施等方面扮演主要角色。省政府通过市政事务、自然资源管理部和局等发挥监督与呼吁的职能。但是，地方政府有制定地方法规、流域管理、水和废水系统运作的一般权力，是安大略省水资源管理政策的主要实施机构。

有些省政府与地方代表在水资源管理上有着共同特殊目的和关系。例如，依照具体法律，安大略省保护局拥有管理流域水资源的权力。保护局由省政府和流域内的每个市政当局代表组成。保护局有着广泛的权力，包括能够购买、出租、征用土地等。它还可以制定严格的规则，规定地表水体的使用，特别是对泛洪区的管理。此外，保护局参与流域规划、环境评价、环境资源的管理工作。实际上，大部分用水问题是由地方政府负责的，包括泛洪区管理、地方水资源短缺、水质需求不足等方面，使地方政府水管理的重要性更加突出。

四、流域管理机构

流域管理机构是加拿大流域水环境治理和保护的重要机构。为解决格兰德河的水环境治理和保护问题，1936 年，安大略省立法批准成立格兰德河保护委员会。该委员会建立的目的在于研究和承担格兰德河及其支流的防洪，以确保在水资源短缺时期为市政府、家庭和制造厂充足供水。该委员会在 1948 年进行了资源整理及合并后，成立了格兰德河谷保护机构，并在此基础上进一步整理、合并，组建了现在的格兰德河保护局（Grand River Conservation Authority）。格兰德河保护局的主要任务是协调流域内各市政府之间水环境治理和保护的相关工作，包括制定共同的水管理工作方案、处理跨流域的事务等，以达成流域的共同目标。1938 年通过的《格兰德河法案》要求 8 个市政府形成委员会及提供一个按照市政府支付 1/4 的成本分担模式，以体现联邦政府和省政府之间的平等。

格兰德河保护局由上下游的市政府任命的 26 名常任成员共同管理，同时参与管理的有各政府指派的代表，共同负责该局的日常管理及运作。在对流域水资源进行使用及管理时须获得流域管理机构半数以上成员的批准。对于格兰德河而言，每位成员在日常决策中都发挥着积极的作用。作为保护机构和各市政府间纽带与桥梁的各政府代表，负责将保护机构当前的计划及工程及时传达给当地政府。在这些成员中每年挑选出一名主席和两名副主席，剩余成员成立两个委员会，即规划管理委员会和行政管理/财务委员会，负责保护机构工作的评价及对全体成员提议相关事宜，这些事项由全体成员进行评审、修正及认可，或决定是否需要再进一步讨论及研究。该模式为我们提供了可借鉴的经验，是当代成功治理流域水环境及自然资源综合管理的典范。

五、非政府环保机构

在加拿大，非政府环保机构在水资源管理和保护上发挥了重要作用。这些机构大多并非志愿性社会组织，而是采用现代公司管理体制的"职业"机构。非政府环保机构除争取政府、企业和社会资助外，还通过提供合同式服务而取得经费，将环保人士事业热情和职业保障相结合。政府不仅通过政策参与、税收惠免、无偿资助、合同服务等方式来培育非政府环保机构，还注重对非政府环保机构的资源进行协调和整合。[①]

六、企业

企业既是流域水环境的污染者，又是流域水环境的治理者。在格兰德河流域，农业是重要产业。随着大规模现代化农业产业的发展，农业生产对流域形成的面源污染问题日益凸显，已成为流域水环境治理和保护的重要内容。为此，安大略省、地方政府和流域保护局依照联邦政府环保法律对农业的面源污染问题进行监督。其主要的措施包括：限制污染较大的企业发展；对企业进行技术改造和升级，以降低水污染的程度；加强监管，对违反环境保护法的企业行为进行严格处罚等。

---

① 张伟. 加拿大环境治理中的协调机制 [N]. 学习时报，2007-05-14 (4).

七、社区或公众

在格兰德河流域水环境治理中，社区或公众也是流域水环境的利益相关者，在流域治理和保护中扮演着重要角色，在诸如取水许可、水质状况、水量分配、环境监测、水资源规划等方面，都以消息透明为原则，要求及时且不限于任何途径地向公众公示，并采纳公众意见。安大略省在《安大略省水资源法案》中提出，制定流域水资源保护规划等方面，都要在媒体公示不少于两个月，充分搜集民意，以实现社会化为导向的公众参与水环境信息管理。在公众积极参与的背景下，制定法案将更有利于所制定法案的执行与落地。在格兰德河流域水环境治理和保护中，上述各利益主体扮演了不同的角色，起着不同的作用（见表4-1），共同致力于流域水环境的治理和整体利益的维护。

表4-1　格兰德河流域水环境治理中不同主体的作用

机构/部门	作用	参与水环境治理的方式
联邦政府	领导、立法和政策战略导向	间接
省政府	协调和促进流域规划并作为流域规划的管理部门，在开发模式上提供资金支持，推动利益相关者参与环境治理，帮助环保群体获得相应资源，促进地方决策和行动，管制	帮助流域内各区域主体在参与环境管理中表达意见，确立具体目标，提供财政支持，确保所有部门及相关利益者的参与权
地方政府	关于土地使用和开发的决策，批准家庭用水和灌溉用水，管制，执行联邦政府和省政府有关水环境管理的政策	直接执行上级政府相关的环境政策
格兰德河保护局	制定实行流域规划，提高水质，持续可靠供水，减少洪水损害，保护区域自然资源生态多样性，提供环境教育，提供户外娱乐的环境，管制	制定和实施具体的环境政策
非政府环保机构	执行水资源管理项目与服务，确保项目服务对流域居民的价值性，教育公众参与公共项目，以使这些项目满足流域居民的需要	为参与者提供规划管理、监督和评价，向市政府报告普通公众参与流域环境管理的情况，提供民众参与流域管理的材料（包括参与什么、如何参与）

机构/部门	作用	参与水环境治理的方式
企业	企业利益最大化选择，限制生产经营活动，环境技术创新	直接参与水环境治理
社区/公众	个人行为选择的利益最大化，影响社会集体行动，对政府领导的回应性行动	直接或间接参与水环境治理

格兰德河流域水环境治理和保护是一个包括联邦政府、省政府、地方政府、流域管理机构、非政府环保机构、企业、社区或公众等多方参与的环境网络治理模式。在此模式中，不同的参与主体扮演不同的角色和发挥不同的作用，相互间构成了一个紧密的网络结构关系（见图4-1）。

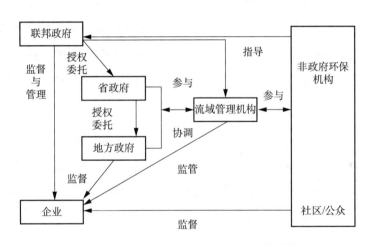

图4-1　加拿大流域水环境元治理主体结构

在此网络结构中，联邦政府发挥领导、立法和政策战略导向作用，其环境管理权力通过授权委托省政府，而省政府又将具体的环境管理事务委托给地方政府，地方政府是环境管理的具体和直接的实施者。格兰德河保护局是格兰德河流域环境管理和保护的协调机构，主要协调地方政府之间、地方政府与省政府之间的利益及其他相关利益方的利益。非政府环保机构、社区/公众参与流域管理机构的管理决策，监督企业环境行为，以委托—代理方式将环境权力委托给联邦政府，并对其进行监督。企业是流域水污染的主要责任者，接受来自联邦政府、省政府、地方政府、流域管理机构、非政府环保机构及社区/公众的监督。

4.2.2　加拿大流域水环境治理的运行机制

一、协调机制

1. 行政组织内部的协调

加拿大的环境治理体系高度分权，水环境管理也不例外。在加拿大宪法框架下，管理渔场、航运、联邦土地和国际水是联邦政府的责任。水资源保护和供水是省或区域的责任，供水通常由市政府管理，这使得水资源管理比其他部门更加分权化。水环境管理受司法管辖权、区域和等级碎片化影响，易导致一系列治理空隙、重叠和挑战。水环境管理方面存在政府间缺少协调、重复劳动、信息资料收集和分享的缺少及不恰当的管制等问题。在某种程度上，这些问题是普遍存在的，鉴于流域的跨区域性，需要部门和治理层级之间持续协商。水平和垂直制度的协调与整合可以通过将公民社会有效整合到治理网络来实现，改善公共组织的学习、获得信息并消化的能力。但是这需要强化不同层级公共组织之间及同一层级组织之间的联系，以避免组织的管制和僵化。联系需考虑不同部门和不同层次治理程序中信息、资源与知识的流动，以创造学习和适应条件。在格兰德河流域中，格兰德河保护局是联系和协调联邦政府、省政府、地方政府、非政府环保机构及社区/公众等的机构，通过该机构协调，可减少管理环节、领域等方面的摩擦和冲突，使各利益主体间的利益最大化。

2. 行政组织与社会的协调

在加拿大，社会组织是流域水环境治理和保护的重要力量，政府协调、整合社会力量参与流域水环境治理的主要途径：一是将流域内有关水资源规划、水质、水量分配、未来产业发展等相关情况通过各种途径向社会公众公示，让民众了解流域开发、利用的情况，以获得民众的支持和认可；二是政府就流域水环境管理重大决策问题，征询社会公众的意见和建议，使民众能够参与政府水环境管理的决策，体现民众的环境利益和意愿。

二、信任机制

1. 联邦《水法》等相关政策

制度是约束行为主体行为的规则，正式、权威的制度，能够提升各行为主体行为的预期确定性，增进行为主体间的信任，减少各种机会主义行为和"搭便车"现象。联邦政府《水法》《环境法》"联邦水政策"等全国性法律，以及省政府的《水资源法案》《水资源保护法案》等为流域各行为主体的环境行为提供了规则，并对违反这一规则的后果进行了明确规定，为增进流域内相关利益主体间的信任奠定了制度基础。

2. 流域保护机构

在格兰德河水环境治理中，格兰德河保护局处于核心地位，其上承联邦政府、省政府，下接地方政府、非政府环保机构、企业、社区或公众等，是聚集各利益方的机构。流域保护机构基于其在流域治理中的权威性，可确保涉及流域水环境利益分配上的公平、公正。因此，流域保护机构为建立流域水环境治理和保护中各利益主体相互间的信任奠定了组织基础。

三、适应性机制

1. 政策规划层面

政策规划是针对现有水环境问题而进行的未来水环境管理的政策安排，是一种基于问题发展态势的政策预判。格兰德河在不同时期面临的水环境问题程度各异，这要求政府能够不断适应水环境的变化趋势，适时做出政策反应，进行政策的前瞻性规划。不同时期的格兰德河流域水管理政策规划体现出流域水环境网络治理的政策适应性。

2. 管理技术层面

数字化、网络化等管理技术的发展，要求转变传统的管理理念和方法。格兰德河保护局采用现代管理技术整合各种资源，协调流域内各利益相关方的利益，提高了流域管理效率。现代管理技术的应用体现出格兰德河流域水环境网络治理的管理适应性。

4.3 中国流域水环境元治理的机制构建

4.3.1 中国流域水环境元治理的主体结构

流域水环境具有公共物品属性，治理涉及中央政府、地方政府、企业、环境公益组织、社区、公民个体等，需要多个主体一起参与形成多中心治理体系。本节主要分析不同利益主体在流域水环境治理中的利益偏好和行为选择，流域水环境的利益主体、目标函数特征见表4-2。

一、中央政府：流域水生态资源的所有者

中央政府是国家利益的代表者，更是国家意志的实现者，在流域治理活动中，中央政府始终将流域整体利益作为重要实施目标；其作为流域水生态资源的所有者，虽然不会直接对水域环境进行治理，但是可以通过其职能和权力委托地方政府实施治理，并对地方政府治理结果实施有效监督。《中华人民共和国环境保护法》明确规定，"地方各级人民政府有责任对本辖区内环境质量负责"。由于流域水环境治理涉及上下游多个区域的地方政府，而地方政府的理性行为又会导致各区域因利益偏差而产生利益冲突和协调问题。流域内政府之间的利益冲突往往会导致流域内水污染的加重，出现"公地悲剧"情形。在此情形下，代表流域整体利益的中央政府，必须建立相应的利益协调机制，以协调流域上下游区域之间的利益。这种利益协调主要有两个方面：一方面是全国流域水环境治理，中央政府需要将治理部署工作分配给地方政府，并根据地方政府职权范围做出相应的水域环境治理统筹，通过中央政府的转移支付来补充和协调上下游政府间的利益冲突问题；另一方面是区域性流域水环境治理，主要通过地方政府财政转移支付来实现和协调各方利益。总之，中央政府在流域水环境治理中的任务主要是制定基本规则，以协调各地方政府的利益。

二、地方政府：流域水环境治理的受托者

从理论上看，中央政府是流域水环境治理工作的管理者、分配者及监督者；在实践中，中央政府通过委托代理的方式将环境治理和保护的责任委托给地方政府，地方政府是流域水环境管理和保护的实际行动者。正因如此，地方政府的行为会对流域水环境治理产生重要影响。根据委托代理理论，中央政府是委托人，地方政府则是受托人。上下级政府间的利益目标并不相同，中央政府总是站在流域水资源可持续利用和发展的高度，谋划全国水资源的分配、开发，并制定相关政策方针，在充分整合社会各方面利益的基础上，实现社会利益最大化，以及社会利益的公平、公正。地方政府则关注地方经济的发展及短期目标的实现，特别是在中央政府政绩考核评价机制下，地方政府"经济发展至上"的发展思维尤为突出，这使地方政府更侧重流域水资源的开发利用，而忽视对流域水资源的管理和保护。中央政府和地方政府间存在信息不对称的问题；加上流域水环境管理工作本身是一项复杂工程项目，具有周期长、规模大、问题多、见效慢、成本投入大等特征，因此在获取地方管理效果信息，以及水域环境信息上面临很大挑战。只有制定相关监督规则和标准才能评价地方政府政策实施的情况。作为流域水环境治理代理人的地方政府掌握了大量流域水环境管理和保护的一手信息，具有水资源管理和保护的信息优势。但是地方政府的利益驱动决定了其选择性地将水资源管理信息上报给中央政府，从而影

响中央政府水环境政策的决策和执行。因此，中央政府与地方政府间目标利益的差异及信息不对称，使地方政府可能存在"逆向选择"和"道德风险"；随着信息不对称的加剧，"逆向选择"和"道德风险"的可能性随之增加。

三、企业：流域水环境的利用者、污染者和保护者

企业是市场运营和发展的主导力量，同时在企业在运营发展中也给水域环境带来了一定破坏，且这类破坏正在逐步加深。企业为了追求利益目标的最大化，尽可能地压缩成本、增加收益，必然耗费水等自然资源，在为社会提供各种产品的同时，带来水环境污染的外部性问题。尤其在流域水资源产权不清晰的情形下，企业生产行为带来的环境外部性问题更加突出。因此，各国都制定了相应政策来规范、引导企业的生产经营行为，减少污染物的排放。如通过征收环境税、排污权交易、财政补贴等政策，从而实现企业经营和水域环境保护双重目标。

四、环境公益组织：流域水环境保护的监督者

环境公益组织，也称"第三部门""非营利组织""志愿组织""民间组织"等。公益组织是那些独立于政府与市场之外，以利他主义为价值取向，以促进公共利益进步为主要活动宗旨，能够实现自我管理的社会志愿组织。环境公益组织是公益组织的主要形式之一，通过实际行动参与水域环境保护，从而提升了环境保护的效果，这类组织参与保护监督的方式主要有以下几类：一是收集传播环境信息；二是开展与水环境保护相关的教育培训；三是环境监督；四是通过环境公益组织之间的联系与联盟，进行专业研究；五是作为环境专家参与环境影响评价。在西方发达国家，环境公益组织不仅监督企业，还要求政府加强对企业的监督。

五、社区：污染者和维护者

社区是流域水资源治理和保护的重要基础主体。所谓"社区"，是指

建立于血缘、地缘、情感和自然意志之上的富有人情味与认同感的传统社会生活共同体。社区是最基层的政权组织，也是水资源使用和保护的最基层组织。作为用水单元，社区居民的用水行为无疑会给水资源带来一定影响。但是，社区自身的特性使得其在流域水环境治理过程中具有独特优势：一是社区既有的文化机制，如对自然事物的尊重与爱护等；二是社区的社会机制，如社会声望等。"在环境资源管理及保护中，社区发挥了重要作用，社区行为直接影响生态保护及治理的结果。因此，强化社区成员保护意识、提升环境保护素养非常有必要，社区成员既是周围环境资源的使用者，也是破坏者，社区成员具有资源的激励力量，这是其他主体不具有的优势要素。"（陶传进，2003）

从公共治理的角度来看，政府、市场、第三部门是公共事务治理的主要机构，三者各有利弊。政府不可能有足够的资源统一管理所有社会公共事务，需要下移部分权力；市场因其本质上的缺陷，不可能代替政府提供有效公共服务；第三部门同样存在志愿性失灵的问题。社区是位于市场、政府之间的非正式组织，既有从政府到社区的环境资源，又有从市场到社区的环境资源。另外，社区的人际纽带、文化价值等解决了第三部门志愿性失灵的问题。因此，社区在流域水环境治理中具有政府、市场、第三部门不具备的优势。

六、公民个体：污染者和维护者

公民个体是水资源管理和保护的最基本单位，也是水资源管理最直接的参与者，其可以通过正式组织，如环境公益组织、企业，也可以通过公民的个人行为来实现。公民参与流域水环境治理是基于"经济人"利益最大化考量而做出的选择。正如其他"经济人"一样，公民的非理性行为也会带来水污染问题。因此，应当制定相应的规则来指导与引导公民的用水行为。公民个体用水行为的分散化和隐秘性，使得政府不大可能直接对其进行监管，而更多地取决于公民的环保意识、节约意识。

表 4-2 流域水环境的利益主体、目标函数特征

利益主体	目标函数特征
中央政府	角色定位：水资源和水资产的拥有者及管理者。目标函数：通过运用相关职能权力不断优化水域资源管理方案，并在水域资源管理保护工作中发挥中央政府的宏观调控、组织、监管、投资及激励作用，通过协调各级地方政府，从而实现水资源的科学配置及妥善管理，为群众谋取最大福祉利益
地方政府及流域管理机构	角色定位：国有资源产权代表者、水资源开发者和管理者。目标函数：通过水资源权益使用及管理，让微观经济主体实现收益权；同时，将一些政府机构变为利益主体，并从部门利益出发，尽可能获取更多水资源，但是忽视了水资源的持续性使用
环境公益组织	角色定位：水域环境管理的参与者、配合者。目标函数：通过鼓励、引导民众参与水资源持续利用管理及水域环境管理
企业	通过调整成本核算方法从而影响整个政策执行，实现企业利益最大化。一方面，付出了一定资源费用后，在合约规定时间中对资源具有独立产权；另一方面，资源使用及获取具有相应条件，需要承担一定的法律、经济责任
社区	基于预算条件，对水资源最大化使用；同时，要对水资源进行保护
公民个体	基于预算条件，对水资源最大化使用

4.3.2 中国流域水环境元治理的运行机制

一、信任

元治理模式基于网络治理模式倡导的多元参与，为了对复杂网络实施有效的管理，在保留横向网络的基础上，插入纵向管理。横向与纵向的交叉黏合，更需要多元主体之间建立良好的信任关系。可以说，信任是元治理网络的黏合剂。如果缺少信任，组织目标就不可能实现。信任是元治理中协调和控制不同行为者的核心机制。从流域水环境治理的角度来看，流域水环境作为公共物品会涉及流域内不同经济利益主体。信任对于元治理成效具有重要意义，主要体现在以下几个方面。

第一，信任能够降低交易成本。从制度经济学的视角来看，产权的界定、契约的达成、法律规范等对于建立现代市场经济具有不可或缺的作用。但是，这些制度如果以信任作为补充，则可能降低经济运行的成本。一方面，信任使利益相关者之间的行为变得更可预测，从而减少了主体间

交易与合作中存在的固有风险；另一方面，信任能够降低行为主体间缔结协议的成本，因为在相互信任的条件下，缔结协议时需考虑的细枝末节将大大减少。流域水环境元治理不仅涉及平行网络，也包括纵向的科层网络，参与主体较多、关系复杂，信任有利于减少主体间的谈判时间、促进交易协议达成。

第二，信任能够增加行为者投资的可能性。信任能够使行为者之间建立稳定的联系，奠定更强大、坚实的合作基础。合作基础进一步强化了元治理网络中各行为者之间的信任感和依赖感，从而有利于促进元治理网络中各行为者投资、互通有无，以实现资源和信息的共享。

第三，信任能够激励学习，以及信息和知识的交换。知识是智慧的一部分，良好的关系可确保不同行为者分享已有的信息和知识，促进信息和知识在组织间的流动。更重要的是，信息和知识的交流是网络组织学习与成长的内在驱动力及力量源泉，一方面，网络内部行为者之间信息和知识的交流，本身就是行为者相互学习互通有无的过程，可实现网络组织内部行为者之间的信息均衡，从而增强网络组织的力量；另一方面，网络组织间的信任可促进组织的学习。不同层次网络在信息的拥有量、决策情境的不确定性、组织的运行机制等方面存在差异，通过建立良好的网络组织关系，能够促进不同网络组织相互学习。

在流域水环境元治理中，各利益主体经常会面对各种不可预知和充满风险的情境，这就需要各利益主体建立良好的关系。流域水环境作为一种公共物品，利益的共享性和风险的分散性使其不可避免地出现"公地悲剧"。维护流域水资源的可持续利用和发展是流域内各利益主体的共同期待，而要实现这一期待的关键在于建立一套利益共享和责任共担的信任机制，即在保证一方治理和保护水环境的同时，其他方也能做出相同的行为，尽可能地避免机会主义行为。

从经济学的角度来看，制度经济学家认为，建立"制度性信任"会为社会关系和谐提供重要保障。经济学中的"制度性信任"是指除家庭关系或类似关系外的非人际经营环境中产生的一种信任，以第三者的存在来保存附带条件并委托签章的契约，以保障交易达到预期。后来，帕维罗提出"制度性信任"的五个元素理论，包括公开的监测机制、法律约束、鉴定机制、反馈机制、合作规范。从新制度经济学的角度来说，非正式性制度安排基于人际信任和非正式人际关系的治理机制，通过各种正式制度安排治理企业网络关系建立起来的则是"制度性信任"（谭莉莉，2006）。

从公共治理的角度来看，流域水环境元治理信任机制的建立需要从以下几个方面入手。

第一，政府应积极培育公民社会、积累社会资本，为信任机制的建立奠定社会基础。所谓"公民社会"，是指围绕社会公共利益而采取的非强制性的集体行为，这种集体行为主要通过公益性组织等体现。公民社会是介于经济领域与国家领域之间的领域。公民社会的强大意味着国家权力的消减和社会组织力量的增强，而以非强制性集体行为为特征的各种社会力量本身具有互助性和公益性特点，有助于推动流域内不同行为主体间的合作与信任。社会资本给予公众的互动模式是知识、理解、期望、规则和规范，在社会资本环境下，个人组成的不同群体用上述模式来完成其日常性活动。社会资本是无形的，但有许多载体，如信任、互惠的方式、社会关系网络、惯例等。社会资本的形成基于社会共同体内个人和组织的内外交往，其作用的发挥最终须通过社会合作，其效果则更具有社会性。社会资本是有生产力的，这一点和其他资本形式相同，如果一个团体缺乏社会资本，其成员之间互不信任，那么该团体的许多特定目标就不可能实现。社会资本也是可以增值的，它可以在使用中自行增值，使用越多，增值越多。因此，社会资本的培育和积累能促进元治理信任机制的建立。

第二，政府应在元治理内部网络中培育共同的价值和理念，改造既有的组织文化，为信任机制奠定文化基础。一般而言，具备高度同质性组织文化和价值理念的组织，其凝聚力和向心力更强；反之，文化呈现高度异质性的组织，其凝聚力和向心力相对较低。元治理组织结构内的凝聚力和向心力直接影响各行为主体间的相互信任与协调。因此，政府应该从维护流域水环境的整体高度，在流域水环境治理涉及的各区域地方政府、企业、环境公益组织、媒体、公众等主体间逐步培育网络的共同价值理念，如可持续发展观、和谐社会等理念。

第三，政府应提供有助于元治理的制度性工具，为元治理的信任机制提供制度保障。信任作为对对方行为的一种期待或预期，这种期待或预期是以一定制度为保证的，不管是正式制度还是非正式制度。政府作为流域水资源整体利益的代表者和流域环境管理的监管者，在流域水环境元治理中居于核心地位，其主要职能之一就是为元治理网络成员提供必要的监测体系，为元治理网络的运作提供必要的法规和规章。政府作为中立的仲裁者，还可以为某些声誉良好的组织提供信誉担保，使这些组织更好地参与合作治理。只有这样，良好的流域水环境元治理信任机制才得以建立。

二、适应

组织适应性也称"组织学习"，是指组织应对环境变化的能力，或者说组织与环境的适应性、契合性程度如何。组织适应性是评价一个组织合理性的重要内容。一个组织的适应性越强，其生命力、影响力就越强。流域水环境元治理中涉及不同利益主体，不同利益主体的利益偏好和拥有的信息与资源存在差异，而流域水环境的公共物品属性要求其相互间协调利益和共享资源，以应对社会经济环境的变化。从系统论的视角来看，流域水环境元治理是一个有机系统：一方面，元治理内部不同利益主体之间构成一个有机系统，不同利益主体之间存在一个信息、资源和能力的交换问题，即适应性问题；另一方面，流域水环境元治理与国内外的社会经济文化等环境之间存在信息、资源与能力的交换问题，即与社会经济政治环境建立良性互动。其中，元治理内部各主体间的适应性程度是外部网络适应性的基础和前提。如果网络内部各主体间的适应性弱，整个网络组织的外部适应性也较弱；反之，如果内部适应性强，外部适应性也较强，且反过来能增强内部主体间的适应性。

基于上述分析，可知适应机制是指在流域水环境元治理中的一个社会经济政治环境中，组织网络系统与网络系统之外的动态适应过程。这是流域水环境元治理的内在要求和优势所在。如果一个治理结构未能在内部形成一个资源、信息共享以及适应外部环境发展变化的机制，那么治理优势就不能真正得到体现，将面临难以为继的状态。因此，在流域水环境元治理过程中，建立与组织内部各利益主体及外部变化的适应机制具有重要意义。

流域水环境元治理的适应性问题主要体现在治理主体组织内部与其外部环境两个方面。相应地，构建流域水环境网络治理的适应机制可以从这两个方面入手。

1. 流域水环境网络治理内部适应路径

在流域水环境元治理组织结构内部，各利益主体之间基于共同利益而结成一个有机整体。但是，各利益主体因所处流域的区位、拥有的经济资源、社会资源、文化资源等的差异，在流域水资源开发、利用、管理和保护上的要求及行为存在多元性。个体利益的多元性与整体利益一致性要求相悖。但流域水环境的公共物品属性要求相关利益主体在共同利益的基础上调整自身利益偏好，这一调整过程就是各利益主体对组织网络不断适应的过程。要实现流域内部各利益主体的内部适应，必须从以下三个方面入手。

第一，流域水环境元治理公共利益目标的确认。流域组织结构是建立在对流域共同利益体认识的基础上的。如果没有对流域水环境公共利益目标的性质、范围等要素进行明确、科学的界定，那么流域内各利益主体对流域水环境治理和保护的积极性与主动性就会弱化；流域水环境公共利益得不到有效保护，流域水环境元治理的网络组织也因组织目标的缺失而解体。因此，流域水环境元治理的网络组织首先要从流域水环境公共利益的角度出发，明确实现流域水环境公共利益的目标及其意义，水环境公共利益涵盖的范围、边界，流域内上、中、下游各利益主体的责任等。

第二，利益主体对流域水环境治理公共利益目标的接受。如上所述，流域水环境公共利益目标的确认是流域网络组织内部适应的前提，也就是说，流域内各利益主体利益偏好应该适应什么或向哪个方向调整。利益主体对流域水环境目标的体认过程也就是对流域公共利益的认知、了解，进而内化的过程。当然，因涉及利益分配和调整问题，这一过程往往是一个复杂的"阵痛"过程。对流域水环境公共利益的体认，可采用定期文件学习、重大水污染事件案例讨论分析等方式进行。

第三，建立流域信息共享平台。流域水环境元治理组织结构是一个开放的系统，各利益主体之间不断进行物质、能量和信息的交换。要有效实现组织内部的适应性，必须充分分享流域各利益主体间及各利益主体与网络组织间的相关信息。建立流域信息共享平台，一方面能够增进流域内各利益主体间的了解；另一方面能够增进流域内各利益主体对流域网络组织整体利益的体认，形成凝聚力和向心力。

2. 流域水环境网络治理外部适应路径

第一，科学地对流域水资源进行规划、开发及利用，以便在水资源管理和保护方面发挥作用。水资源规划是为合理开发利用水资源、防止水害而制定的总体安排。水资源规划是基于水资源状况及社会经济的未来发展，对水资源需求而进行的前瞻性政策安排。从组织适应性视角来看，水资源规划是对复杂的社会经济政治环境和水资源自身复杂性的回应与前瞻性计划，是组织对未来水资源供需状况的适应性安排。水资源规划是加强水资源综合规划体系建设，增强水资源规划整体性与层次性的统一。为克服水资源规划过程中出现的整体性与层次性相冲突、不一致问题，必须合理地对全国水资源、流域水资源、区域水资源三个层次的资源设计不同的规划体系及合理设计相关专业水资源规划。《中华人民共和国水法》（2002

年）规定，由国家牵头和制定全国水资源战略及规划，由流域、区域统一制定与规划水资源的开发、利用、节约、保护和防治水害方案。流域规划和区域规划为规划的两大部分，流域综合规划和流域专业规划是流域规划的主要组成部分。流域规划囊括流域范围内的区域规划，流域综合规划囊括流域专业规划。全国水资源的战略规划从意义上讲是我国的宏观规划，旨在查清我国水资源开发及利用现状，并进行水资源承载能力的分析；在此基础上，依据水资源分布及整体经济社会发展布局，对水资源配置和综合治理的相关问题进行规划。流域规划和区域规划应且必须从全国水资源规划出发，且全国水资源战略规划、流域或区域的专业规划、区域的综合规划等各项规划之间相辅相成，共同构建一个完整的水资源规划体系。

第二，建立流域水生态安全战略。水资源系统既是自然系统，也是包括社会、经济、文化、政治在内的复杂系统。面对动态、复杂的环境，要求政府对流域水生态安全进行长远规划，制定水生态安全战略。这是元治理适应复杂的社会经济政治环境而做的战略性、前瞻性政策安排。国内外发展形势表明，水资源供需矛盾突出仍然是可持续发展的主要瓶颈，水生态安全是国家安全的重要内容，水环境是环境整治的关键要素，迫切需要转变用水观念、创新发展模式来解决水问题，这是一项长期、艰巨的任务。维护水生态安全措施一般有工程措施（含生物工程）、行政管理和经济（市场）手段。现有的国际实践经验表明，水生态安全问题是自然和人文因素耦合作用的结果，需要因地制宜、有机结合三种途径，单一措施在应对日益复杂的水问题时已经"捉襟见肘"。从我国保障水生态安全的具体实践来看，工程措施和行政管理是采用较多的办法，也是经验最丰富的办法，涵盖了从小尺度的小流域和河道到大尺度的跨流域，覆盖了从中央到地方各级行管部门；与之相比，经济手段实践采纳较少、出现的问题与面临的困难较多、矛盾与利益纠结错综复杂。

水环境问题一直是我国高度关注的重点问题。近年来，每年全国两会有关生态环境的提案非常多，在关于资源与能源价格体系、推进草原生态建设、加强重要生态功能区保护、区域发展与扶贫开发、跨省域交流合作、应对气候变化的提案中都涉及生态补偿，保障水生态安全的补偿机制已成热点。我国"十二五"规划纲要提出，在建立生态补偿机制上，加强对国家重点生态功能区转移支付的均衡性，鼓励、引导和探索实施下游地区对上游地区、开发地区对流域水环境保护地区、生态受益地区对生态保护地区的生态补偿。早在2010年5月，中共中央政治局研究深入实施西部大开发战略的总体思路和政策措施会议就指出，要以更大的决心、更强的力度、更有效的举措进一步完善对西部的扶持，生态补偿是转移支付的重点内容，关于水资源与水生态安全的补偿再次成为焦点。加强生态环境保护重点工程建设是近年来中央经济工作会议连续强调的重点，特别是2011年中央经济工作会议明确提出，加快建立具有激励和约束的生态补偿机制，重点流域是重中之重。2011年中央一号文件强调，基本的配套政策包括继续加强对生态脆弱流域及地区水生态环境的修复，继续推进严重污染河流、湖泊水域的治理，及时建立健全对于水的补偿制度。生态环境这一问题，在党的十八大报告中被再次提及，把生态文明建设放在重点位置，并将其融入经济、政治、文化、社会等各方面建设和全过程中；加强水源地保护水总量管理，推进水循环利用，建设节水型社会；深化资源性产品价格和税费改革，建立突出反映资源稀缺程度与市场供需、体现生态价值和代际补偿的有偿使用资源制度及补偿生态制度，以便更快达成该目标。保障水生态安全已是国家长期战略。这一对外部环境适应性政策战略，反过来又会对水环境元治理的构成和运作产生影响。

三、协调

维护流域水环境整体利益是建立流域水环境元治理组织的根本目的。但由于各利益主体之间存在不同的利益偏好，实际执行中存在诸多的矛盾及冲突。任何一个利益主体利益偏好的过分凸显，都有可能对流域网络组织的整体利益造成伤害。如果网络中各利益主体的矛盾无法协调，利益偏好不能保持一致，最终可能导致网络组织无法运行，甚至解体。因此，协调好流域内各利益主体间的利益既是网络组织存在的基础和前提，也是该组织运行的重要机制。在流域水环境元治理过程中，协调有助于利益相关者在决策前获取更多信息，为制定更有效决策提供条件，并在此过程中获取信任及互惠，明确共同努力方向；有助于实现流域内各利益主体间资源、信息与知识的流动和共享，以扩展自身的竞争优势和发展潜在的核心能力；有助于降低流域水环境元治理的运行成本和交易费用。

流域水环境治理的网络组织不同于传统意义上的职能制、事业部制等组织结构形式，其结构是一个扁平化组织结构形式。在网络结构中，各利益主体间的地位和作用是平等的，相互间是点对点的联系方式，管理和交流中的权威来源不是基于职位而是基于专业化、知识化。但是，在流域水环境治理过程中，因流域跨越不同的行政区域，涉及中央政府、地方政府、企业、环境公益组织、社区等诸多利益主体，且这些利益主体的利益偏好各异，为了在流域水环境治理决策中获得更多的利益，往往利益偏好相近的主体倾向于结成利益联盟。利益主体众多且结成不同的利益联盟，势必对网络组织的整体利益和运行产生负面影响。此时，需要代表流域整体利益的中央政府发挥作用，承担整个流域水环境治理责任，协调和管理流域水环境网络组织。具体而言，流域水环境元治理协调机制主要体现在以下两个方面。

第一，网络组织内部政府间的协调。流域水环境治理中府际协调主要是政府组织结构与管理权的授权问题。由于流域往往跨域不同的行政区域，每个区域地方都没有相应的资源来实现对流域的整体管理，因而需要各区域地方政府的协作。政府是国家统治和社会管理的机关，政府间的有效协作，可以更好地达成对资源进行有效的整合、统一有序行动的目标。政府间的协作既包括中央政府与地方政府间的协作，也包括地方各级政府间的协作。政府间协调的水平、运作机制、绩效评估等取决于政府的组织结构和授权方式。水资源管理组织结构的核心问题是如何合理配置水资源的管理权限，以便更有效地对水资源进行管理。国际水资源管理实践表明，在集中管理与分散管理之间进行选择是影响水资源管理组织结构设置的核心问题。与此相适应的是，从已有的水资源管理组织结构来看，通常有一元体制和多元体制之分。一元体制与多元体制分别代表水资源管理权集中和分散的程度。水资源管理组织结构的权力集中与分散具体表现为：管理权限在纵向关系上为中央集权与地方分权之间的关系；在横向关系上则为国家层面的单部门管理与多部门管理、地方层面的流域管理与行政区域管理之间的关系。至于如何权衡与选择在不同的流域水环境治理中政府组织结构和授权方式，取决于多种因素。由于不同国家、地区水资源自然条件、社会历史文化传统、社会经济体制等因素的差异，在水资源管理的组织结构上存在一定差异，出现了不同的水资源管理组织结构模式。从理论上说，水资源管理的组织架构并无优劣之分，有效的水资源管理组织结构应能够适应社会经济、技术、文化、自然条件等因素变化的组织，即权变组织。反之，如果组织结构的设计不能有效地反映或适应社会经济、技术、文化及自然条件等环境因素的变化，则可能造成水资源管理低效或无效的结果。

第二，政府与社会之间的协调。协调政府与社会的关系是政府在流域水环境治理过程中的重要职责。政府与社会关系的协调主要表现在两个方面。一是降低社会噪声干扰。互联网的发展为信息快速传递提供了载体，使分散的水环境信息快速集中并于短时间内大范围呈几何级传播。毫无疑问，互联网在带来便利的同时，也使得各种扭曲、虚假信息在大范围内传播，极大地影响了政府水环境治理的决策及政府的公信力。例如，2005 年的松花江水污染事件，个别媒体发布不实信息，误导民众，对政府治理水污染的工作提出异议。因此，政府在治理水环境过程中应该秉持信息公开的原则，在涉及水环境治理和保护的重大事件中，及时公开相关信息，以获得民众对政府决策的支持；同时，对传播虚假信息者进行惩罚和制裁。

二是政府要通过外交式斡旋和冲突解决等手段，进行网络线路的疏通和排障工作。斡旋和冲突解决能力是在元治理环境下对行政人员能力的新要求，因为元治理不是以命令而是以平等对话为手段，这就使通过外交式斡旋排解冲突变得必需。总之，在流域水环境治理过程中，如何正确协调和处理政府与社会间的关系问题是当前政府实现水环境有效治理面临的一个重要课题。

四、整合

所谓"整合"，是指借助外部力量，使元治理网络内部各种差别化的资源、力量有机地结合到一起，实现网络内部资源配置的最优化。在传统的计划体制中，"万能"政府扮演着不论大小事务全都由其出面管理的角色。随着公民社会的崛起，以及公众对环境权利意识的加强，公共环境保护及治理逐渐加入了更多的个人、公益组织、营利性组织，为维护各自的水环境利益，逐步形成了多中心公共治理和保护水环境体制。在公共治理视域中，水环境治理的主体既可以是公共机构，也可以是私人机构，是多元主体参与的治理。在此治理中，既可以达到多发的良性互动，如公共机构与私人机构之间、政府与非政府之间，也达到了政治国家与公民社会之间的合作和互动。在这样的多主体公共治理体制中，政府处于核心位置，承担社会中各种水环境利益主体协调的责任，如何实现这一整合责任则需通过政府颁布的各项政策来引导均衡各利益主体的利益，将分散的利益偏好引导为共同的、整体的利益偏好。因此，对于流域水环境元治理这一问题而言，通过引导和整合网络内部不同力量与资源，可以达到"1+1>2"的效果。

目前，日渐凸显的水资源治理和保护中的社会力量，存在着环境保护组织数量少、能力有限，民间私人营利组织的动力不足，公众个体力量的碎片化、分散化，相关的运作制度和机制不够完善，政府对社会环境治理力量的整合力度不够等问题。因此，有必要从流域水环境整体利益出发，整合包括政府、企业、社会组织、个人等相关利益主体在内的各种力量。

网络组织区别于其他社会组织的特点之一在于其整体效应。可通过整合网络内部不同资源和力量，实现网络组织整体力量的提升。整合流域水环境元治理的力量可以从以下几个方面入手。

1. 权力整合

在流域水环境元治理中，各权力主体的力量是分散的、多元的，所处的地位和作用是相对独立的、平等的，因此在权力整合上，网络组织的权力不能完全基于政府的科层机制来实现整合，而更多地采用分权和委托授权的方式。

第一，流域水环境元治理中的分权主要基于各权力主体在流域水环境治理和保护中的不同地位与作用而设定，网络组织内部的分权可以分为地理空间分权、市场化分权和行政性分权。所谓"地理空间分权"，是指流域内上中下游、左右岸在网络组织中的权力分配。所谓"市场化分权"，是指在流域水环境治理和保护中，根据水环境治理的主体、对象、内容等的差异，可以采用市场化的方式，将原来由政府管理的事务交给市场，实现水环境治理和保护的市场化运作，提高水环境治理的效率。所谓"行政性分权"，是指在政府体制内，水环境治理和保护的行政管理权力由上一级政府向下一级政府逐步放权的过程，或者说由权力集中的中央政府向职权有限的地方政府分权的过程。行政性分权代表着地方政府的水环境管理权限的增加，有利于发挥地方政府在水环境治理和保护中的积极性与创造性。

第二，流域水环境元治理中的委托授权则是基于政府环境行政管理权力集中而设定的。所谓"授权"，是指依照程序将政府原来拥有的一部分权力（其中很大一部分是执行权）通过某些协议转移给某个组织和机构。流域水环境的公共性和利益主体的多元性等使得中央政府不可能直接对流域水环境的治理与保护行使管理权力，而应通过授权的方式整合流域内各利益主体在水环境利益上的一致性。这种分权在主体结构形式上既可以在政府与流域其他不同利益主体之间进行，也可以在流域内水环境行政管理机构内部进行。

2. 组织整合

流域水环境元治理组织作为一个开放的复杂系统，网络内部的利益主体大多是以组织的方式参与流域水环境治理的，其自身也具有相应的组织结构形式，网络内部的不同利益主体组织之间在组织结构上的差异，势必影响网络组织的有效运行。因此，如何实现各利益主体组织与网络组织之间的对接，是提升流域水环境元治理效率的重要课题。从理论上讲，实现流域内不同利益主体组织与流域网络组织间的整合或对接，主要包括人员配置、职位设置、组织结构等方面的改变。随着整合的继续，管辖权的概念也随之改变，整合的信息化处理方式，不仅使跨机构信息和服务的流动加快了速度，还通过大幅降低交易成本进而促进了一些权限规则的改变。在共享信息数据库的基础上，政府之间可以建立更加弹性化和灵活的管理机制；可以建立虚拟化团队，借助先进的信息技术对专项事务进行管理，通过建立绩效机制或签订承诺书的方式为服务的治理提供保障。

3. 资源整合

流域水环境元治理的运作效率取决于拥有的资源量及这些资源如何有效地结合。前者涉及网络内部各利益主体拥有资源的多少问题，后者涉及这些不同资源怎样有效结合在一起，实现资源使用效率和收益上的最大化问题，也就是资源整合问题。从理论上讲，资源整合的方式主要有两种：计划（通过政府主导、干预来实现资源的配置）、市场（运用市场机制来实现资源的配置）。计划配置资源的方式，主要存在于府际协作关系层面（主要包括中央政府与地方政府之间、区域地方政府之间等方面），通过政府内部的科层机制来实现资源在不同层级政府之间及同级政府不同部门之间的资源配置。这种资源配置方式能够在政府内部就实现某一政策目标来统一调配集中、整合不同政府层级的资源力量。因此，计划方式为政府组织内部实现资源整合提供了路径。

但是，资源配置的计划方式因受政府内部性制约，使其在资源配置上可能出现低效。随着市场经济的发展及公民社会的成长，传统计划配置资源的方式愈加不能适应社会的发展需要，迫切需要转变原有的资源配置方式。在流域水环境元治理中，网络组织的扁平化结构及参与主体的多元性和平等性，使得以政府为核心的计划资源配置和治理方式受到极大制约。市场化为核心的治理工具是实现资源整合的有效途径。美国学者萨瓦斯明确提出，区别公共服务中三个基本的参与者：消费者、生产者、安排者或提供者。毫无疑问，作为公共部门，政府是公共产品和公共服务的主要提供者与责任者，但这并不意味着政府要提供一切的公共服务及产品。其可以借助社会组织或市场的优势与能力来生产或提供某些公共产品和公共服务。就流域水环境治理和保护而言，可通过税收政策、优惠贷款、补贴、订立协议等一系列经济手段，达到将一部分公共服务的生产和流域水环境公共物品委托给社会组织与民营组织的目的；政府可利用其技术、竞争、成本等优势，在流域水环境治理和保护的路径上提供品质更好、效率更高的公共服务及产品。同时，达到降本增效的效果，减少政府与公营部门的支出，实现政府、民营组织、社会组织三者之间的协作和利益最大化。一般而言，民营化工具主要包括政府撤资、签约外包、特许经营、补助、抵用券、替代等，根据流域水环境治理的客观形势和社会环境，既可以选择单一的政策工具，也可以运用多样化、混合式和局部安排等组合工具方式。因此，在市场经济条件下，公共服务的民营化为政府整合利用外部资源提供了重要途径。

4. 制度整合

所谓"制度整合"，是指网络内部各利益主体（主要是以组织形式存在的主体）的制度安排与网络组织的制度安排之间的整合。根据新制度经济学的观点，制度是指在特定群体内要求成员共同遵守的规章或准则，得以确立和实施的行为规则；在这套行为规则下，个人可能出现的机会主义行为得到了有效抑制，使人的行为变得相对可预见。制度分为以法律、法规等形式存在的正式制度和以惯例、习俗、宗教信仰等形式存在的非正式制度。本书所说的制度是指正式制度。在流域水环境治理过程中，有大量以组织形式存在的利益主体，且这些利益主体各有其自身组织发展的管理制度。不同利益主体之间、不同利益主体与网络组织之间在制度安排上的差异性势必对网络的信息交流、网络组织的稳定性及运行机能产生消极影响。因此，有必要对流域水环境元治理的制度进行整合。元治理的制度整合途径主要体现在两个方面。一是网络组织内部的利益主体经过协商、交流，在既有利益主体制度安排上达成某种共识，形成网络组织的制度安排，各利益主体根据网络组织的制度安排对自身的制度做出调整。这是一种网络内部"自下而上"、自发实现的制度整合。二是作为流域整体利益代表的政府（主要是中央政府），从流域整体利益出发，首先制定流域网络组织的基本制度，流域内各利益主体根据网络组织的基本制度对自身组织的制度安排做出调整。这是一种网络内部"自上而下"、被动实现的制度整合。两种制度整合途径在实践中的表现形式有单一形式和组合形式。一般而言，实践中更多的是一种组合形式，也就是中央政府先对流域水环境治理网络组织制定一个基本制度框架，在此制度框架内各利益主体调整自身制度安排的同时，就网络组织的一些具体制度安排进行协商、达成共识；这些具体制度反过来又对各利益主体的制度安排提出要求，制度整合是对网络组织规则认知、共识、调整的过程。由于制度安排的变化背后往往是利益的变化，制度整合的过程也是网络组织利益整合的过程。

五、维护

流域水环境治理网络组织的建立既是水环境治理客观形势的需要，也是增进流域既有环境利益的需要。网络组织的建立是网络运作的前提，网络组织的运作能否持续高效则取决于对元治理的维护。元治理维护的核心是政府如何管理元治理的问题，也就是政府如何调整和规制流域内各相关利益主体的行为。流域水环境治理中的各相关利益主体，尤其是营利性组织，往往基于自身利益最大化考虑，在水环境治理中的某些领域可能相互协作地采取行动，在一些领域则可能采取竞争或不合作行动，这种既合作又竞争的情形为元治理的整体运行带来极大风险。因此，对元治理进行维护的必要显而易见，以达到对流域水环境元治理的运作机能和整体功效进行维护的良好效果，从而平衡了流域间各相关利益主体之间的利益。具体而言，元治理维护的意义主要体现在以下几个方面：一是通过网络维护，能够就网络系统内部就流域水环境治理和保护相关问题达成共识与默契；二是通过网络维护，网络内部信息流动加快和共享，可以最大限度地实现利益主体之间的信息对称，降低各利益主体之间在水环境治理和保护决策上出现的冲突与风险，降低元治理运作的交易成本；三是通过网络维护，增进流域内不同利益主体间的信任，避免因信任和信息不对称带来机会主义行为与道德风险；四是通过网络维护，能够促进网络组织文化建设，增强网络组织的凝聚力和向心力。

流域水环境元治理主要是对已形成的网络关系的维护，以确保流域内不同利益主体间的协作和互惠关系得以持续。流域水环境元治理作为一个开放的、动态的系统，其参与主体及其利益偏好、行为选择总是处在不断变化中。动态变化的元治理势必增加元治理的维持难度。从历史经验来看，政府对流域水环境元治理进行有效维护，主要从以下几个方面入手。

第一，基于共同利益和共识，建立流域内水环境治理和保护的共同行动准则与行为规范。建立在共同利益基础上的流域水环境治理制度是网络得以存在的制度前提，而这种制度应该是以法律形式存在的正式制度，以避免非正式制度的软约束对网络组织基本利益的侵害。政府制定法律等正式制度规定各行为主体的权责关系。在元治理中，各行为主体需要做到以下几点：一是明确网络内各利益主体在法律地位上是平等的，需要根据流域水环境的特点、环境治理要求及利益主体之间的博弈关系设计多元主体的权责关系，对流域内各利益主体的权力范围、边界及承担的相应职责明确界定。二是正式制度能够提高网络内部的行为者违反网络组织共同利益的交易成本。交易成本对行为主体的行为选择具有导向作用，违反或破坏网络组织整体利益的行为交易成本的增加，可以减少网络内部行为者之间的行为冲突，增加行为者之间行为的预见性，维护网络运行的稳定性。三是正式制度能够不断适应网络系统的变化，增强法律政策的网络适应性。元治理的开放性、系统性特点要求政府在制定法律政策时能够集思广益、听取各方意见，根据元治理的变化情形，适时调整制度，进行制度创新，实现元治理的稳定性与创新性的平衡。

第二，基于流域内区位差异，建立流域水生态补偿机制。所谓"流域水生态补偿机制"，是指以流域水为载体和纽带，通过区际生态补偿机制的建立，解决经济开发中发生的实施主体与受益主体不一致的矛盾，解决上下游之间生态环境问题，对中上游生态环境进行还原和建设，实现在流域内各行政区域之间的共赢与共享，推动流域区际的共同和谐发展。通过生态补偿机制的建立，实现对区域利益冲突的有效协调，促进流域内经济、生态与社会的健康、持续和协调发展。在流域水环境治理和保护中，处于流域不同区位的行为主体的环境保护意识不同：处于上游的行为主体的环境保护意识不足，乃至弱化；处于下游的行为主体的环境治理和保护意识增强，其环境利益受到处于上游行为主体的影响，上下游之间存在水环境利益冲突。目前，流域内竞争性用水这一问题在上下游间日益凸显，流域跨区污染水事件经常出现，伴随而来的地区间、省际的水事纠纷不断，对流域上下游地区人民的生活及生产、区域经济社会的协调发展产生了不利影响。同时，为保证下游的水量和供给水质，上游发展空间受到局限，从而丧失了很多发展的机会。因此，为同时保证及协调流域上下游各地区的发展权和生存权，为保证流域上下游间的协调发展，体现各主体对流域的公平使用权，需要建立完善的流域水生态补偿机制。流域水生态补偿机制包括以下四个方面的内容：①发展补偿，对生态环境保护或者放弃自身发展机会的行为予以补偿；②保护补偿，对认定有重大生态价值的区域或对象给予保护性投入；③破坏补偿，对企业或个人破坏生态环境行为及后果进行经济惩罚；④服务补偿，为生态服务提供功能价值支付的费用。流域水生态补偿机制是协调各区域发展利益，减少流域水环境元治理内部利益冲突，增进流域水环境治理和保护的重要制度。

第三，基于委托代理理论，建立激励约束相容机制，避免流域内不同区域政府、企业等利益主体的"道德风险"和"逆向选择"问题。流域水环境治理和保护是建立在中央政府与地方政府之间、地方政府及各职能部门之间、政府与企业之间、政府与社会组织之间等一系列委托—代理关系基础之上的，委托人与代理人之间存在信息不对称及目标利益的差异，使得代理人出现"道德风险"和"逆向选择"的可能。因此，委托人必须建立一种制衡约束机制，来克服代理人潜在的行为选择偏差，建立相应的激励机制使代理人提供真实信息，以有利于委托人的决策行动。委托代理人之间目标利益的差异性，要求我们必须解决以下几个问题：怎样确立双方都接受的机制？如何实现对代理人的激励？如何实现对代理人的监督？如何实现委托—代理人之间的有效沟通？要解决委托—代理人问题，则需要在委托人与代理人之间建立激励约束相容的机制。所谓"激励约束相容的机制"，是指委托人为实现目标利益而对代理人进行激励的同时，加强对代理人的监督，避免其行为偏差。激励就是委托人对代理人的刺激，目的是使代理人从自身效用最大化出发，自愿地或不得不选择与委托人标准或目标相一致的行动。监督就是在契约中设置避免"道德风险"的条款，以避免代理人采取危害委托人的行为。监督越困难，"道德风险"出现的可能性越大，而且"道德风险"的危害越大。激励约束相容机制的设计原则：①参与约束，代理人愿意为委托人去工作的期望价值大于代理人不愿意为委托人工作的期望价值；②激励约束相容，代理人按照委托人的意愿，选择最符合委托人的最大价值或效用的最大价值，并且这种选择也符合代理人的决策期望。激励约束相容机制是流域水环境元治理运行的重要制度。此机制及相关制度的建立，使得流域各行为主体的行为更加具有可辨性，减少了行为主体的行为偏差，维护和增进了流域水环境元治理的整体利益。

第四，基于信息交流与共享，建立流域元治理技术平台。流域水环境元治理的信息流通与共享是建立在信息技术基础上的，信息技术的发展为流域水环境元治理提供技术保障。流域水环境是一个结构复杂的开放系统，本身又由许多子系统组成，不同的子系统之间相互制约、相互依存，关系十分复杂。流域水环境系统不仅在社会、经济和环境三大系统内交错运行，而且在三大系统内包含了不同的子系统。流域水环境管理是一个涉及诸多利益主体和领域复杂的系统工程。随着水环境问题的日益突出，客观上对水环境管理提出了更高的要求，需要更加精确地进行水环境管理。要达到流域水环境元治理的目标，需要收集和处理大量的水环境信息。现代计算机技术、网络技术、数据库技术等信息技术的发展为流域水环境元治理提供了技术条件，使流域水环境管理实现数字化。借助水环境管理信息化系统，既可以及时、准确地收集、存储和处理大量的水环境信息，也可以进行流域网络组织内部的信息传输和共享，以及模拟各种复杂的水环境突发事件。流域水环境管理的数字化有助于提高水行政管理能力和公共服务水平，更重要的是，有助于实现流域水环境元治理内各利益主体之间信息共享与信息对称，从而减少各种机会主义行为，增进利益主体间的信任和网络组织的整体利益。因此，技术先进和设备完善的流域水环境管理信息化系统是政府维护流域水环境元治理的重要工具。

需要指出的是，上述元治理运行机制中，信任机制是网络有效运行的前提，适应机制是网络有效运行的动力，协调机制是网络运行的关键，整合机制是元治理运作的主要内容，维护机制是网络运行的保证。这些机制相互联系、相辅相成，共同致力于网络目标的实现。

◆ **本章小结**

　　面对流域水环境治理的元问题，元治理从"结果"的元治理协调整合三种治理机制，保留其优势；从"过程"的元治理反思"去中心化"，重塑政府责任，将政府置于流域水环境治理网络的中心，承担治理主体平辈中的长者责任，尽可能规避流域治理跨区域特征产生的成本—效用错配及多重委托—代理问题。经过理论推演，发现流域水环境元治理在解决流域水环境治理元问题中必要且可行。流域水环境元治理作为一种理念、一种机制，话语的形成需要借鉴国外的治理经验，形成包含中央政府、地方政府、企业、环境公益组织、社区、公民个体在内的治理网络，并从信任、适应、协调、整合和维护五个方面共同培养与维护元治理网络的运行。

第 5 章

中国流域水环境元治理的实证分析

元治理作为较为前沿的思想理论，若要发展成为一种有力的话语体系，必须经过实证检验。本章从元治理的概念出发，从政府治理力、社会资本和市场化程度三个方面选取可测量的解释变量，验证与流域水环境治理成效之间的关系。长江流域横跨我国的东、中、西部，是世界第三大流域，流域总面积 180 万平方千米，占中国国土总面积的 18.8%，流域内有丰富的自然资源，干流和支流共流经 19 个省、区、市。因此，本章以长江流域为例，验证元治理与流域水环境治理之间的关系。

5.1　研究基础

元治理作为较为前沿的理论与意识形态，学术界对元治理的概念已达成共识，即强调政府在治理网络中的责任，综合协调科层机制、市场机制与网络机制。在综合已有研究的基础上，本书进一步深化元治理的概念，将其分为"结果"的元治理与"过程"的元治理。

元治理的第一个层面作为"结果"的元治理，强调一种协作关系（包含主体与机制）的形成。治理行动和治理机制的不同组合为应对社会日益增长的多样性、动态性与复杂性提供了解决之道。复杂性问题的解决需要跨部门之间的协同；同时，科层机制、市场机制和网络机制分别对上述元问题开出了治理药方。三种治理机制缺一不可，相互协调整合可以发挥更大、更好的作用。因此，我们提出以下假设。

假设 1："结果"的元治理，即科层机制、市场机制和网络机制的有效结合，能提升流域水环境治理成效。

对多元主体、多种机制有效协调互动的强调构成了元治理的第一个层面。多元互动是行为的特殊形式，目的在于排除障碍，从而沿着新的道路前进。在这样的互动过程中，对一个问题或机遇的界定取决于参与互动的各个行动主体的立场和看法。多样性使人们关注社会系统中的行动主体和其他社会实体具有的不同品质。多样性是创造和革新的源泉，但同时蕴藏着解体的风险。复杂性要求关注社会结构，以及社会内部各个组成部分相互依赖和相互依存的关系，但复杂性同时是相互依存关系产生的一个必备条件。复杂性方面面临的一个问题是，在治理系统中，多元治理主体的行为若缺乏基础性制度规制，最终会因作用力方向不一致而效率低下。元治理对流域水环境治理绩效的影响并不意味着多元互动的网络越大越好，在多元参与者、治理机制无序倾轧的情况下，"多元"未必会形成"治理力"。因此，元治理若要形成多元治理力，就必须有制度保障。这对应了元治理第二个层面，即作为"过程"的元治理，重新反思"多元化""去中心化"。治理网络发挥作用的前提是治理权威的存在。多元主体、多种机制与治理权威如同治理天平的两端，任何一方的缺失都会导致治理的失衡。因此，我们提出第二个假设。

假设 2：三种机制在流域水环境治理中发挥长效作用受政府力量的影响。

5.2 变量选取与模型构建

从元治理的概念出发，结合假设 1 与假设 2，我们将流域水环境治理绩效指数（$WEPI$）作为被解释变量，通过构建流域水环境治理指标体系进行测量。科层机制形成的力量主要是政府治理力（EQ），市场机制直接带来的是市场化水平（MI）的高低，网络机制主要是形成社会资本（SCI），因此选取政府治理力、市场化水平、社会资本作为解释变量（见图 5-1）。控制变量包括产业结构、气温和降水等，用 X 表示引入模型中其他控制变量组成的向量集。

图 5-1　元治理解释变量选取方式

在借鉴 Hari 等（2011）和 Papyrakis（2013）等跨国与分地区面板数据模型的基础上，进一步引入了政府治理力的平方项，构建结构方程（5.1）。

$$WEPI_{it} = \alpha_0 + \alpha_1 EQ_{it} + \alpha_2 EQ_{it}^2 + \sum_{n=1}^{N} \beta_n \times X_{itn} + \gamma_i + \lambda_t + \kappa_{it} \quad (5.1)$$

EQ 是核心解释变量，这是因为元治理同网络治理最大的区别在于反思"去中心化"，重新强调政府在治理中心的作用，重塑政府的责任问题。除了对"去中心化"的反思以外，元治理还强调对三种治理机制的协调，科层机制、市场机制和网络机制有效共振。因此，在结构方程（5.1）的基础上加入 MI 和 SCI 后，结构方程改变如式（5.2）所示。

$$WEPI_{it} = \alpha_0 + \alpha_1 EQ_{it} + \alpha_2 EQ_{it}^2 + \alpha_3 MI_{it} + \alpha_4 SCI_{it} +$$

$$\sum_{n=1}^{N} \beta_n \times X_{itn} + \gamma_i + \lambda_t + \kappa_{it} \quad (5.2)$$

5.2.1　被解释变量：流域水环境治理指标体系的构建

一、流域水环境治理指标体系设置的原则

科学性原则。流域水环境治理一定要建立在生态经济学的基础之上，充分考虑生态环境，基于绿色发展理论综合考量，实现可持续发展，遵循经济

规律，最大限度地在客观性和真实性方面反映流域水环境绿色发展程度。

系统性原则。流域水环境治理是全局性工作，因而必须树立全局意识，不仅包括经济范畴，还包括社会和生态方面。只有这样才能实现对行业绿色发展情况的综合测量，形成科学评价，为实践提供经验和借鉴。

实用性原则。由于流域水环境治理受诸多因素的影响，故指标体系会涉及若干因素。因此，在选择指标时，要综合考虑其代表性和可获取性等具体特性。

可比性原则。指标体系便于学者、政府、公众对各地区流域水环境治理现状的了解，以及横向比较；同时，有助于社会各界对同一地点不同时间流域水环境治理变化情况进行纵向比较。

二、流域水环境治理指标体系的构建

流域水环境治理要求社会、经济、生态的和谐统一。对流域水环境的治理应该包括"治"和"防"。采用德尔菲法，根据十名专家四轮意见征询，我们确定了流域水环境治理指标体系二级指标应包括水环境污染指数、水环境污染治理指数、其他相关污染治理指数三个维度。同样采用德尔菲法确定三级指标，最终构建了如表5-1所示的流域水环境治理指标体系，并根据层次分析法确定各级指标的权重。

表5-1　中国流域水环境治理指标体系

	二级指标	权重	三级指标	权重
流域水环境治理绩效指数	水环境污染指数	28%	人均工业废水排放量	12%
			城镇生活污水排放量	11%
			生活氨氮排放量	5%
	水环境污染治理指数	54%	工业废水排放达标率	12%
			工业固体废物综合利用率	12%
			城镇生活污水处理率	11%
			生活垃圾无害化处理率	9%
			水环境治理投资	10%
	其他相关污染治理指数	18%	工业 SO_2 去除率	9%
			工业烟尘去除率	9%

三、流域水环境治理指数测算结果

本书选取 19 个省、区、市 2012—2017 年各个面板的数据进行检索，在此基础之上形成数据纲要，并对所有数据进行无量纲化处理。需要注意的是，不同指标数据的量纲具有一定的差异性，因而要实现综合集成，必须对其进行无量纲化处理，只有这样才能统一计算。通常情况下，在实践当中，要实现无量纲化处理，主要采取阈值法，其计算公式为：$X_i = \dfrac{x_i - x_{\min}}{x_{\max} - x_{\min}}$，其中，$x_i$ 是转换之后的数值，$x_{\max}$ 是样本最大值，$x_{\min}$ 是样本最小值，x_i 是原始值。基于国内外现阶段的研究和通用规则，采用通用的综合评价指数，对中国现阶段的情况进行计算。在通常情况下，综合指数法包括线性加权模型、乘法评价模型、加乘混合评价模型等多种形式。需要注意的是，该指标体系中各组成部分皆具有重要地位，并呈现各自独立的形态，因而各个指标之间相互影响较小，只通过自身对综合评价值产生影响。在此基础上，我们从 2012—2017 年的《中国统计年鉴》《中国环境统计年鉴》《中国环境统计年报》《中国城市统计年鉴》《中国工业经济统计年鉴》中查找相关数据，采取线性加权模式对数值进行计算，结果如表 5-2 所示。

表 5-2　19 个省、区、市 2012—2017 年流域水环境治理指数得分

地区	2012 年	2013 年	2014 年	2015 年	2016 年	2017 年
	指数值					
上海	0.649	0.712	0.865	0.900	0.932	0.984
浙江	0.609	0.675	0.721	0.800	0.808	0.968
广东	0.595	0.654	0.707	0.772	0.786	0.955
福建	0.635	0.665	0.719	0.768	0.769	0.951
青海	0.449	0.555	0.643	0.704	0.747	0.942
江苏	0.622	0.662	0.746	0.775	0.752	0.928
西藏	0.433	0.507	0.572	0.642	0.691	0.855

地区	2012 年	2013 年	2014 年	2015 年	2016 年	2017 年
	指数值					
云南	0.507	0.567	0.616	0.676	0.671	0.839
陕西	0.534	0.579	0.625	0.675	0.685	0.818
重庆	0.412	0.486	0.548	0.608	0.627	0.781
江西	0.413	0.491	0.563	0.639	0.628	0.770
四川	0.522	0.542	0.568	0.609	0.631	0.759
贵州	0.449	0.506	0.561	0.616	0.626	0.742
湖北	0.441	0.503	0.565	0.631	0.623	0.740
安徽	0.472	0.519	0.576	0.632	0.599	0.731
广西	0.429	0.479	0.528	0.584	0.572	0.728
湖南	0.396	0.455	0.483	0.535	0.544	0.694
河南	0.301	0.391	0.448	0.537	0.519	0.681
甘肃	0.290	0.305	0.325	0.476	0.497	0.675
均值	0.482	0.539	0.598	0.662	0.668	0.817

从整体上看，2012—2017 年长江流域涉及的省辖区流域水环境治理指数逐年升高，年度平均得分由 2012 年的 0.482 上升到 2017 年的 0.817，并且增长速度在后期明显提升（见图 5-2）。2012—2017 年当年流域水环境

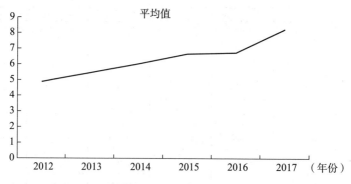

图 5-2　2012—2017 年长江流域省辖区流域水环境治理指数平均值

治理指数各地区之间的差异逐年缩小，2012 年，流域水环境治理指数最高省份和最低省份分数相差 0.359；到 2017 年，最高值与最低值的差额缩减到 0.309。

东西部之间的比较。从东西部之间的整体差异来看，东部地区和西部地区在转型过程当中产生了较大差距，2012 年，西部地区流域水环境指数平均得分相当于东部地区平均得分的 84%；至 2017 年，东部地区和西部地区发展的差距呈现不断缩小的基本态势。由此可以看出，中国地区之间发展不平衡的现状正不断得到修正。

5.2.2　解释变量：基于 MIMIC 的变量测度

MIMIC 的变量测度主要用于政府治理力和社会资本的测量。MIMIC 模型能够同时解释因的指标（cause indicators）和果的指标（effect indicators）两项指标。因的指标在 SEM 中是外因潜在变量的测量指标，果的指标是内因潜在变量的测量指标。选取 MIMIC 模型在于其能分别得出相关因的指标和果的指标对潜在变量的影响程度，提供了有效的测量方式。

一、政府治理力的测量

依据中国当前的经济、历史、文化、社会因素，综合现有研究成果，借鉴唐任伍和唐天伟（2017）构建的中国地方政府效率指标体系，从政务公开、落实宏观调控两个方面选取指标作为政府治理力潜在变量的原因变量和指标变量。这些指标包括权力清单（发布数量及时间）、特别重大事故的一票否决、契约状况（跨区域间签订协议数）、GDP 增长率、统计公报公开、政府新媒体公开、政府办事时效。首先，以模型的一般形式为入口，逐步剔除统计不显著的指标变量和原因变量；其次，依据卡方检验计算出概率值近似误差均方根（RMSEA）、调试后的拟合优度（AGFI）、标准化残差均方根（SRMR）等系列检验值；最后，得出最适合的结构。依据原因变量的估计系数，选取 2012—2017 年 19 个省、区、市测算政府治理力的值，如表5-3所示。

$$政府治理力=0.7763×权力清单+0.8737×契约状况+$$
$$0.8867×GDP 增长率+0.8139×统计公报公开$$

表5-3 19个省、区、市2012—2017年政府治理力测量结果

地区	2012 年	2013 年	2014 年	2015 年	2016 年	2017 年
上海	3.20	3.31	3.28	3.33	3.42	3.56
浙江	3.21	3.25	3.32	3.42	3.51	3.47
广东	3.25	3.32	3.45	3.57	3.61	3.50
福建	3.22	3.27	3.30	3.43	3.37	3.42
青海	3.19	3.23	3.26	3.24	3.27	3.32
江苏	3.12	3.17	3.19	3.23	3.22	3.29
西藏	3.08	3.10	3.15	3.18	3.20	3.22
云南	2.76	2.79	2.82	2.87	2.99	2.97
陕西	2.49	2.61	2.59	2.71	2.67	2.81
重庆	2.57	2.59	2.61	2.69	2.81	2.75
江西	2.42	2.49	2.55	2.71	2.61	2.69
四川	2.29	2.31	2.38	2.42	2.52	2.51
贵州	2.17	2.29	2.39	2.31	2.40	2.43
湖北	2.10	2.15	2.28	2.33	2.42	2.39
安徽	2.11	2.19	2.24	2.31	2.41	2.37
广西	2.05	2.10	2.31	2.25	2.30	2.32
湖南	2.01	2.05	2.12	2.10	2.19	2.28
河南	2.01	2.09	2.10	2.17	2.23	2.19
甘肃	2.03	2.02	2.05	2.10	2.08	2.11

二、社会资本的测量

借鉴祁毓等（2015）的研究，充分考虑影响社会资本的原因，如全球化、收入差距、就业状况、财政福利、财政风险、社会组织和社会沟通等因素，并以营商环境、契约状况、社会服务、社会流通和社会共享为指标

变量，建立 MIMIC 模型，测算社会资本的相对规模。首先，以模型的一般
形式为入口，逐步剔除统计不显著的指标变量和原因变量；其次，依据卡
方检验计算出概率值近似误差均方根（*RMSEA*）、调试后的拟合优度（*AG-FI*）、标准化残差均方根（*SRMR*）等系列检验值；最后，得出最适合的结
构。依据原因变量的估计系数，选取 2012—2017 年 19 个省、区、市测算
社会资本的值，如表 5-4 所示。

$$社会资本 = 0.7559×全球化 - 0.0247×收入差距 -$$
$$0.1842×失业率 + 0.7829×社会组织数量$$

表 5-4　19 个省、区、市 2012—2017 年社会资本测量结果

地区	2012 年	2013 年	2014 年	2015 年	2016 年	2017 年
上海	2.23	2.33	2.49	2.51	2.45	2.48
浙江	2.19	2.25	2.33	2.41	2.50	2.46
广东	2.10	2.17	2.25	2.39	2.36	2.40
福建	2.20	2.15	2.21	2.28	2.33	2.42
青海	2.19	2.25	2.30	2.34	2.42	2.35
江苏	2.10	2.24	2.20	2.25	2.31	2.36
西藏	2.11	2.20	2.24	2.34	2.32	2.29
云南	2.01	2.17	2.10	2.15	2.18	2.28
陕西	2.09	2.10	2.08	2.09	2.14	2.15
重庆	1.91	1.89	1.95	1.98	2.01	2.08
江西	1.85	1.87	1.91	1.89	1.92	1.95
四川	1.72	1.75	1.79	1.82	1.79	1.88
贵州	1.69	1.63	1.65	1.74	1.85	1.75
湖北	1.59	1.60	1.62	1.59	1.69	1.77
安徽	1.43	1.45	1.52	1.50	1.58	1.61
广西	1.40	1.42	1.50	1.66	1.52	1.56
湖南	1.35	1.45	1.39	1.45	1.49	1.57
河南	1.28	1.30	1.34	1.40	1.35	1.42
甘肃	1.08	1.01	1.05	1.12	1.15	1.21

三、市场化程度的测量

在市场化程度测量上，使用民营化（私营经济和个体经济就业人数占总人口比重）和市场化指数（樊纲等，2011），不采用 MIMIC 测量方法，直接使用面板数据。

5.3 实证结果分析

5.3.1 "结果"的元治理与流域水环境治理效果正相关

表 5-5 展示的是用静态面板数据模型的固定效应方法回归结果，可以看出与前文假设 1 的结论一致。"结果"的元治理包含的三种治理机制与流域水环境治理效果正相关，在一定程度上对流域水环境治理起积极作用。

表 5-5　元治理与流域水环境治理指数的回归结果

项目	区域绿色低碳转型指数	
自变量	系数	p（Z）
常数项	0.002	0.832
EQ	0.152**	0.000
EQ^2	0.149**	0.006
MI	0.061*	0.000
SCI	0.092*	0.010

注：括号内为 p 值，**、* 分别表示在 5% 和 10% 水平上显著。

5.3.2 "过程"的元治理对流域水环境治理影响最为显著

反思"去中心化"带来的弊端，是元治理不同于网络治理的主要方面。通过回归结果可以看出，虽然市场机制、网络机制在一定程度上影响流域水环境治理的最终成效，但从作用大小来看，科层机制下的政府治理力发挥着主要作用。这再次验证了流域水环境元治理中将政府放置治理中心的重要性。

考虑到多元治理力与流域水环境治理绩效之间可能存在的内生性问题，采用多元治理力的工具变量，以及动态效应的系统 GMM 方法进行估计。测量结果与前文结论一致。

◆ 本章小结

本章从实证角度验证流域水环境治理的成效，从元治理概念出发，将科层机制对应的政府治理力、市场机制对应的市场化程度、网络机制对应的社会资本作为解释变量，采用 MIMIC 的测量方式；被解释变量为流域水环境治理指数，通过构建指标体系进行测量。选用 19 个省、区、市 2012—2017 年的数据进行验证，结果发现，"结果"的元治理与流域水环境治理效果正相关，"过程"的元治理对流域水环境治理影响最为显著。

第6章

中国流域水环境元治理的政策
工具框架及优化路径

2015 年，国务院出台了《水污染防治行动计划》，该文件提出了在水域环境整治上的一系列举措。全国各级地方政府根据地方水域污染实际情况制定了治理措施，开展了"黑臭水"治理、"河道综合"治理等工作，取得了一定成效。元治理理论倡导"过程"的元治理与"结果"的元治理齐头并进，综合协调运用科层机制、市场机制和网络机制，反思"去中心化"带来的弊端。本章基于元治理理论及以往推行的各种政策，汇集构建了流域水环境元治理的政策工具框架，并对方案进行效果检验，提出优化路径。

6.1　中国流域水环境元治理的政策工具框架及效果检验

6.1.1　中国流域水环境元治理政策工具框架

流域水环境元治理，可以分为两个方面，即预防与治理。所谓"预防"，主要指通过减少污染因素进入流域水环境，从而减少流域水环境的污染。预防包含制定限制生产、生活排污的标准。根据外部理论以及制度经济学相关理论，当生产或生活排污量达到一定程度时，流域水环境会受到严重的污染破坏，生产排污主要源头是生产制造类企业；生活排污主要源头是消费者不恰当行为。故此，需要从企业与消费者两个层面上加强管理，通过制定相关政策，降低排污量。所谓"治理"，主要指治理已经被污染的流域水环境，降低流域水环境污染对生产、生活的伤害，包括降低污染物浓度，以及强化居民流域水环境防护。

在元治理视角下，流域水环境防治工作就是针对防治对象，重新审视"去中心化"带来的消极影响，将政府重新放置在"元治理者"的位置上，通过宏观指导和干预，对市场进行统筹协调。具体体现在以下几点：①内化企业的外部成本。运用科层机制，通过命令性控制工具影响企业排污行为，降低企业的排污量；通过市场机制、采用激励措施、制定激励政策，让更多企业自发参与污染治理，减少排污；运用网络机制，让企业与政府共同承担污染责任；通过公众监督、消费引导等方式，促进公众、企业协同。②经济发展策略调整。基于科层机制，将中央相关政策落地，并与地方产业升级、工业转型等融为一体。③制定流域水环境治理消费规则。结合科层机制相关内容，采用命令型措施，引导公众消费行为，如宣扬低碳消费，以带动文明消费、绿色消费；运用市场机制，创建激励措施；运用网络机制，将治理责任分摊到个体；基于公众、企业协同，降低污染物排放；强化研发技术，生产低能、低耗的绿色产品。④社会发展策略调整。通过科层机制，贯彻落实中央政策，对发展策略进行优化调整。⑤降低流域水环境污染浓度。运用科层机制，使政府直接参与流域水环境污染管理；运用网络机制，将流域水环境治理工作委托给第三方服务机构，或与地方政府合作。⑥强化流域水环境污染治理。运用科层机制，逐步完善地方流域水环境污染检测系统及预警系统；运用网络机制，促进社会、政府及第三方检测机构的合作，强化技术研发，生产出相应的防护工具。

可以将上述政策工具划分为两大类。一是政府在治理流域水环境污染中承担了主体责任，政府的角色定位是直接调整责任主体，对应的政策工具有调整政府行为、调整企业主体行为、调整公众行为。政府若要调整自身则必须立足发展策略，开源节流，提高预警及防控机制；若要调整企业行为则必须运用命令工具、激励工具解决企业成本外化的问题；政府直接调整公众行为主要是以税收和补贴等方式减少公众不利于流域水环境的消费行为。二是政府角色定位是间接调整责任主体，对应的政府职责是积极引导企业、政府、民众协同治理流域水环境污染问题，政府引导民众或企业最有效的方法是构建激励机制，提升企业及民众参与治理的积极性，培育民众的环保素养和意识。同时，政府还需要采取措施促进民众与企业合作，进行技术创新，开发更多低能、低耗的产品，经过调整、部署、计划、组织，构建元治理视角下的流域水环境治理政策框架（见图 6-1）。

流域水环境政策框架基于当前相关防治策略和方法，以及政府、民众及企业的参与程度，根据元治理理论，综合科层机制、市场机制和网络机制三维度机制，协调统一搭建。本书根据流域水环境政策框架，对流域水环境治理中的政策进行细化和效果测度，进而提出加强、修正和补充政策工具的建议。

6.1.2 中国流域水环境元治理政策工具评价

一、被解释变量与控制变量

被解释变量 1：衡量流域水环境治理的实施效果采用在第 5 章构建的流域水环境治理绩效指数（$WEPI$），在参考其他研究的基础上，从水环境污染物排放、水环境污染物治理及其他相关污染治理三个方面进行描述，具体包括水环境污染指数（PI）、水环境污染治理指数（PCI）和其他相关污染治理指数（GI）。其中，水环境污染物排放包括人均工业废水排放量、城镇生活污水排放量、生活氨氮排放量；水环境污染物治理包括工业废水排放达标率、工业固体废物综合利用率、城镇生活污水处理率、生活垃圾无害化处理率与水环境治理投资五项指标；其他相关污染治理包括工业 SO_2 去除率、工业烟尘去除率。

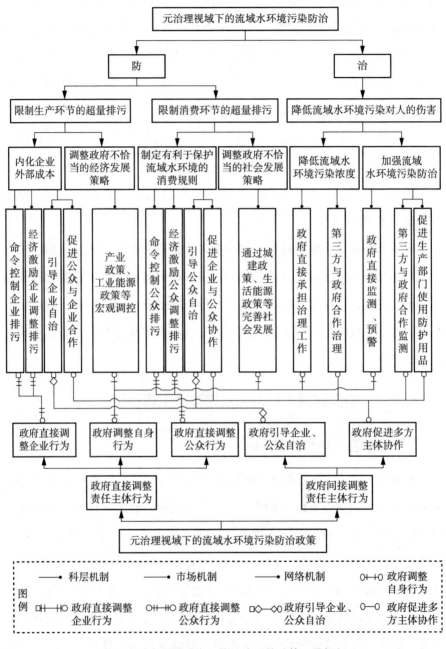

图6-1 中国流域水环境元治理的政策工具框架

被解释变量2：在量化政府促进企业自治的效果方面，由于政府促企业自治领跑制度刚刚起步，仅在 2016 年公布了入围企业名单，共计 36 家企业，故本书以这些入围企业为样本，结合本年度 GDP 能耗变化率，作为考核政府流域水环境治理成效的解释变量因素。

控制变量：流域水环境除受人为因素影响外，还受温度、降水等自然因素影响，将这些因素确定为控制变量。

二、政府直接调整治理主体行为的解释变量

在流域水环境治理中，政府定位是直接调整主体，对应的政策工具分两类：①直接调整政府自身行为，具体指调整经济策略、调整社会发展策略，以及对终端实施治理防护策略。产业结构一旦调整，社会发展策略会随之调整，生产和生活两大部门也会发生变化。调整经济策略和社会发展策略，实际上就是通过政策倾斜，更好地协调流域水环境治理中各方面的工作，通过产业结构优化和能源结构升级，提升污染防治效果。但是，在实践中，政策倾向缺少衡量标准，故将产业结构调整视为政府直接调整自身的行为；在对终端防治上，污水处理厂数量是常用衡量指标之一。通过综合分析最终选定了如下几项指标：第二产业增加值占 GDP 的比重、六大高能耗行业销售产值与 GDP 的比值，分别表示产业结构调整、工业能源结构；污水处理厂数表示政府终端直接治理防护。②政府直接调整企业行为，分为命令型和激励型两类：行政命令通常是通过行政和法制手段实现的，企业必须遵守政府相关环境政策；激励措施主要有税收优惠、PPP 模式及绿色信贷等。因为各地行政手段的统计口径不同，所以选取流域水环境标准出台数作为政府通过行政命令管控调整企业行为的指标。环保投资是比较有代表性的经济激励工具，因此，将流域水环境治理投资[①]作为政府经济激励企业调整行为的指标。

---

① 城市流域水环境治理投资数取各省流域水环境治理投资与其地级市数的商值。

三、政府间接调整治理主体行为的解释变量

政府间接调整责任主体对应的政府行为主要有引导企业、公众以及多主体共同参与环境治理，一方面要引导企业自行治理，通过扩大对领跑企业的宣传，增强企业的责任意识，引导其积极参与环境治理。虽然"能效领跑者"计划推出时间不久，且入围企业数量有限，但是其开启了政府引导企业进行污染治理的良好开端，故将 2016 年"能效领跑者"入围企业数量视为政府引导企业自治的变量因素。另一方面要引导公众自治，如通过环保活动增强大众的流域水环境保护意识。选取"流域水环境"等作为关键词，对相关报刊资料进行检索，获得了很多相关数据；同时，对 31 个国家计划名录"流域水环境"网民搜索量进行统计，并将年均搜索量视为公众流域水环境保护意识的衡量指标。

四、模型构建

衡量流域水环境治理的实施效果依旧采用上文构建的流域水环境治理绩效指数（WEPI），以及政府直接调整主体行为或间接调整主体行为的解释变量，具体参照表 6-1。列举 2012—2017 年的 27 个省会城市和 4 个直辖市的面板数据。其中，政府直接调整责任主体行为、促进多方主体协作、直接与间接调整对比的政策效果模型为静态短面板模型，政府引导企业自治的政策效果模型为截面 OLS 模型，政府引导公众自治的政策效果模型为中介效应模型。前两类模型应用 Stata 软件实现，中介效应模型应用 Mplus 软件实现。

表 6-1　元治理视域下流域水环境治理工具的变量设计

类型	变量		指标	标识	数据来源
被解释变量 1	流域水环境	流域水环境治理绩效指数	水域环境中污染物排放量、水污染治理成果、其他污染治理成果	WEPI	《中国统计年鉴》
被解释变量 2	社会企业自治水平及能力	企业生产能耗变化情况	2016 年万元 GDP 能耗变化率	engc	

类型	变量		指标	标识	数据来源
直接调整治理主体行为的解释变量	政府调整自身行为	设计的经济策略调整以及社会发展策略调整	第二产业增加值占 GDP 的比重	*indstr*	《中国城市统计年鉴》
			六大高耗能行业销售产值与 GDP 的比值	*engstr*	《中国工业经济统计年鉴》
		终端直接治理	污水处理厂个数	*sewtre*	《中国城市统计年鉴》
	调整企业行为	企业外部成本内部化	流域水环境标准出台数	*std*	"北大法宝"数据库
			流域水环境治理投资	*inv*	《中国环境统计年鉴》
间接调整治理主体行为的解释变量	引导企业自治		2016 年"能效领跑者"入围企业数量	*crop*	2016 年"能效领跑者"企业名单
			流域水环境在媒体上的曝光度	*publ*	知网报刊数据库
	引导公众自治		公民搜索"流域水环境"频率及搜索量	*enva*	百度搜索
			流域水环境污染举报受理数	*cpml*	"12369"环保举报受理情况
控制变量	温度		年平均气温	*temp*	《中国统计年鉴》
	降水		全年降水量	*prep*	《中国统计年鉴》

限于篇幅，本节重点对静态面板模型进行全面分析，具体计算公式如式（6.1）所示。变量数据根据研究需求填写，在模型中需要对面板单位根进行验证，通过固定效应、随机效应等综合对比，做出最优选择。由于面板数据时间序列并不长，经综合考量最终选择 HT 方法进行单位根检验。计算结果显示该模型不存在单位根，故运用静态面板回归的计算方式完成计算分析。固定效应模型及随机模型需要完成检验，方能投入使用，运用 Hausman 方法对两个模型进行检验。政府引导企业自治的模型如式（6.2）

所示，政府引导社会公众自治的中介模型如式（6.3）所示。

$$y_{it} = x'_{it}\beta + z'_{it}\delta + u_i + \varepsilon_{it} \quad (i = 1 \sim n, \ t = 1 \sim T) \tag{6.1}$$

$$engc = \beta_0 + \beta_1 crop + \varepsilon \tag{6.2}$$

$$enva = \beta_1 + \alpha_1 publ + \varepsilon$$

$$WEPI = \beta_2 + \alpha_2 enva + \varepsilon$$

$$WEPI = \beta_3 + \alpha_3 publ + \varepsilon \tag{6.3}$$

五、结果分析

1. 政府直接调整治理主体行为的政策工具部分取得成效

从表6-2可以看出，2012—2017年，在政府直接调整治理主体行为政策工具中，各政策产生的效能不同，其中，产业策略调整产生的效果最佳，内化企业外部成本政策效果次之，其他策略效果不大。

表6-2　政府直接调整流域水环境治理主体行为的政策工具效果

变量			WEPI		
indstr	1.913*** (0.485)		1.401*** (0.449)	1.312*** (0.512)	1.377*** (0.338)
engstr	0.173 (0.263)		-0.027 (0.260)	-0.114 (0.243)	
sewtre	-0.265 (0.260)		-0.216 (0.241)	-0.228 (0.239)	
std		-1.854*** (0.358)	0.307 (0.332)	0.427 (0.317)	
inv		-0.063 (0.135)	-0.086 (0.088)	-0.078 (0.009)	
cpml					0.406 (0.515)
样本量	124	124	124	124	124	124
检验统计量	F=11.17***	F=15.26***	F=27.01***	F=12.56***	F=12.15***	F=23.92***
模型	固定效应	固定效应	固定效应	固定效应	固定效应	固定效应

注：***表示在1%的水平上显著。

在政府调整自身行为方面，产业结构和生活能源消费策略调整效果显著，但是投入建设污水处理厂的终端治理防护政策效果并不明显。产业结构调整以第二产业增加值占 GDP 的比重（*indstr*）表示，具有明显的正向影响效果，第二产业增加值占 GDP 的比重降低，能够改善流域水环境。但国家经济以第二产业为基础，降低其占比，势必影响经济发展。换言之，降低第二产业增加值占 GDP 的比重存在一定的阈值，在调整第二产业的同时，应基于未来发展方向对第二产业的内部结构进行调整。工业能源结构调整以六大高耗能行业销售产值与 GDP 的比重（*engstr*）表示，结果显示其未有效降低流域水环境污染。污水处理厂个数作为终端治理的指标，结果显示其负向影响流域水环境污染，但不显著。

政府通过制定标准调整企业行为的策略，取得一定成效，但是环保投资策略调整效果不明显。流域水环境标准属于命令型政策，具有管制性、应急性与确定性特点。2012—2017 年，中央及地方政府发布多条行政命令来整治流域水环境，"水十条"超过 70%是命令控制型政策工具。虽然短期命令控制型工具对流域水环境治理具有一定的效果，但是长时间使用会产生执行成本过高等问题。流域水环境治理投资是经济激励型政策工具的代表，包括企业自筹、银行贷款、政府补贴、外商投资等。虽然经济激励性工具尚未呈现明显效果，但是这种工具需要时间的积淀，且成本低、能动性大，是未来应该加强的政策工具。

2. 政府间接调整治理主体行为的政策工具效果薄弱

表 6-3 显示，2012—2017 年，政府间接调整治理主体行为的政策工具未取得显著成效。

表 6-3　政府间接调整流域水环境治理主体行为的政策工具效果

变量	engc	enva	VWEPI	VWEPI	WEPI	WEPI	WEPI
crop	−0.139 [0.414]						
publ		0.305*** [0.068]					
enva			0.429*** [0.072]				
publ→enva				0.142** [0.041]			
cpml					1.216*** (0.417)		0.938** (0.399)
样本	31		125		125	125	125
检验统计量	F=0.591		Chi−Square=66.588*** RMSEA=0.356**		F=14.78***	F=66.18***	F=39.18***
模型	OLS		中介效应		固定效应	固定效应	固定效应

注：方括号表示标准误，圆括号表示稳健标准误，publ→enva 代表 publ 通过 enva 对解释变量的影响程度。**、***分别表示在 10%、1%的水平上显著。

从上述计算结果可以看出，在引导企业对流域水环境进行治理中，政府发挥的效能并不高，尤其是 2016 年虽然开创了"能效领跑者"计划，并以万元 GDP 能耗变化率衡量，显示其影响并不大。究其原因，主要有：一是政府促进企业自治是新推出的政策，存在不完善之处，政策设计处于探索发展中。二是"能效领跑者"计划实施时间不长、影响力不大，大多企业还在观望中，覆盖面较小、激励作用不强；上市企业为维护企业形象而关注流域水环境治理，大部分中小企业并不在意。

政府促进公众自治虽然提升了社会公众的环保意识，但是对改善流域水环境并没有产生明显的效果。流域水环境污染报道数量（publ）、社会公众对流域水环境的年均搜索量（enva）与 WEPI 之间均为正相关。这说明宣传教育对流域水环境治理及保护具有积极影响，同时显示当前社会公众对流域水环境治理及保护意识并不高，积极参与者不多。对于政府来说，除引导企业及公众自治外，还可以将其他因素引入模型进行深入分析。相关结果验证：政府直接调整产业结构的政策最有效，第二产业增加值占GDP 的比重下降明显改善了流域水环境。

结果启示：一是在流域水环境元治理中，政府应该进一步制定发展规划，为高耗能产业寻找绿色低碳发展方式，通过立体绿化，拓展流域水环境治理空间。二是基于政府监控，发挥市场力量，以经济手段约束企业排污，完善财税体系、排污权交易等工具。三是构建流域水环境治理法律法规体系，强化宣传教育，提高环境治理保护意识；借助民间社会组织的力量，促进政府、企业、公众及第三方组织协同做好流域水环境治理保护工作，强化技术研发，开发更多低碳环保产品。

6.2　中国流域水环境治理政策工具实施的具体建议

面对流域水环境治理的元问题，传统治理方式无法实现流域水资源利用互惠互利的价值取向，必须另辟蹊径，解决流域水环境治理所面临的问题。

从福特主义失败、福利国家危机唤醒的政治行政体系变革到全球化、信息化决定的多中心、分权化、公民参与的变革，政府不再是治理流域水环境这种准公共品的唯一主体，权力赋予了大量的行为主体，包括但不限于公务人员和社会公众。随着时代发展，流域水环境越来越具有公共问题的复杂性，多方参与的网络机制与科层机制、市场机制一样遭遇困境，如因职责模糊和协作混乱导致的无效率集体决策。"一旦网络治理无法化解网络世界中不同主体彼此的矛盾冲突，网络治理将丧失效力"（Sorensen，2007），所有治理方式均存在失效的可能性，各种治理方式的交融可能会引发矛盾、竞争或不理想的局面，因而亟待制定一种能够权衡各种治理方式的利弊，减少其消极影响的战略。这就需要运用元治理，即"对治理的治理"或是"治理的统治与管理",来协调流域水环境治理中的科层机制、市场机制和网络机制等,以实现各种治理机制之间的共振。元治理针对"象征着广泛参与、自治、多核心以及分权"的"治理","是针对治理开展的一种去权威与去核心的自主化管控"(Stephen,2009),是"试图在公共机构的决策体系中实现部分权力的协调"的一种战略抉择(Meuleman,2008),是对权力下放的治理过程的控制与引导。

元治理尽管源自对治理理论的思考与质疑,但其本质上仍旧是治理的一种,属于对传统治理学说的深化与扩展。流域水环境治理面临的种种问题,适用的治理模式存在差异,社会、市场、政府由于参与身份和角度的不同,必然有各自的倾向与偏好。因此,单一治理工具难以与问题本身的复杂性相匹配,需要依靠元治理来平衡流域水环境治理中的各元素。元治理的核心要素为"掌舵、效益、资源、民主、责任和合法性",只有通过有效的设计与管理,才能实现流域水环境治理的最好结果。流域水环境治理中,因问题的复杂性,治理主体力量分散会消减治理成效。元治理理论主张在流域水环境治理中将政府置于治理的中心位置,但并非退回国家统治一切的局面,更多的是强调将政府置于责任的中心而非权力的中心。如果说过去流域水环境治理是以"社会为中心"的治理,从而引发"群龙无首"的问题,那么元治理则通过引入中央的指导和控制,拥有管理授权和权力下放而产生的优势,进而做到了"群龙有首"。

运用元治理对流域水环境进行治理,工具非常重要。节点(nodality)、权威(authority)、财务(treasure)、组织(organization)这些常用的治理工具依旧可以被"元治理者"运用到流域水环境的治理上,只是着力点有所差异。元治理工具强调对社会和经济的引导,倾向于对相关部门行为环境而不是行为本身进行间接的约束和规范,成为最有效的治理方式(Sorensen,2006)。元治理需要在透明的环境中运作,科层机制、市场机制、网络机制仍然存在,国家并非高高在上的权威机构,在多元领导机制下,国家仅仅是众多参与主体之一,通过正式权威的强制力培育多主体之间的信任、进行更有效的协作协同。为达到"1+1>2"的效果，在协商过程中政府需要提供其独有的资源，制定治理的核心准则，从而保证各种治理体制的共存。当某一治理机制难以应对流域水环境治理中的复杂性问题时，政府有责任、有义务将"看不见的手"和"看得见的手"相结合，实现治理共振，削弱不合理的治理方式对合理的治理方式的干扰，在尽可能弱化社会矛盾的同时，借助自反性的方法实现效能、效率及民主。当然，由于国家本身存在悖论，元治理同样存在失效的问题。元治理的难点在于在不影响地方的前提下实现流域水环境治理的自主性，因此容易出现管控过于宽松或严格的问题。管控过于宽松易使流域水环境治理出现碎片化，管控过于严格则会降低流域水环境治理主体的能动性。在流域水环境元治理过程中，对于元治理主体的信息化交流、信任巩固、协调、战略、动员及平衡等能力提出了较高的要求。接受不完全和失灵是社会生活的基本状态，理论的发展需经实践逐步修正。在流域水环境元治理过程中，要将复杂性问题简单细化的同时坚持用复杂性研究复杂性的观点，探索"柔和"与"均衡"的治理理念，协调治理体系中不同主体的权力分配，寻求权威和多核心、自治和管控、"强硬"与"柔和"的对立统一。

基于流域水环境治理的特性，找到既能提供有效控制和引导，又能使管理对象保留对活动的自我决定权的元治理工具很关键。"战略管理""绩效管理""软法""预算、人事和法律准则"四个元治理工具对流域水环境元治理十分重要。

6.2.1 战略管理引领治理方向

传统的治理强调面面俱到，倾向于详细规定项目的所有程序和细节，着眼于提高单个组织的绩效，但降低了系统内部各个部分相互协调的可能性，系统的总体绩效可能会降低。要提升流域水环境治理整体绩效水平，需要运用元治理的战略管理工具，聚焦政策协调，沿着消极协调—积极协调—战略管理的路径，对实现目标的方法进行选择，对政策发展方向和执行方式实施控制，使组织和网络在某些方面保留自由裁量权。中国的流域水环境治理正逐渐从传统的单中心政府监管向政府主导的多元主体共治转型，政府、市场和社会"三位一体"、相互补充，如何规范三者之间的关系是流域水环境治理的根本立足点。因此，在流域水环境治理中，政府要发挥"主导"的能动性，"换汤且换药"，突出政府管制与协调职能，主动协调市场和社会的相关利益诉求，引导治理前进方向，使"众马拉车"的问题迎刃而解。

6.2.2 绩效管理提高组织责任

绩效管理的基本逻辑是开发合适的、可测量公共行为的输出和结果的方法，通过绩效测量驱使公共部门提高服务供给能力；反过来，要使绩效测量更有效，则必须确定政府的目标，并使目标与公共活动的绩效指标相联系。虽然合适的绩效测量方法的确定还存在不少问题，但在管理组织及提高组织的责任性方面，绩效测量是富有成效的。在元治理的情境下，依然需要绩效管理。目标设置使政治领导人能够决定组织应该承担的责任，同时允许组织决定实现这些目标应使用的有效方法和手段。组织在政策实施中拥有的自由在某种程度上会被这些目标限制，即便如此，公共组织或行动主体依然有用武之地。如果绩效确实非常重要，那么组织和网络在实际提供服务时就可以做出大量的自我决定。

6.2.3 实施软法重回治理现代性

治理的过程大多被概念化为法律并正式权威地运用，这样的治理风格具有积极性，并对大多数组织系统起到促进作用，治理者也逐渐减少了对控制工具的依赖，更具参与性。软法在欧盟得到了广泛应用，欧盟已经有能力使用软性工具解决常规能力范围之外的政策问题，初步实现了从正式工具到以协商为基础的软性工具的转变，实现了传统治理方式无法完成的目标。中国的流域水环境相关立法尚处于初级阶段，对各利益相关者和相关行业惯例了解得不充分，导致法制环境不健全，监管失位时有发生。因此，增加软法的使用，是流域水环境治理的一个必然要求。我国流域水环境元治理机制需要从公众参与、市场运作，以及政府引导与监督三方制定策略，需要强化社会公众的自发参与，激发居民参与治理的积极性，在法律法规上实现对居民的社会增权与心理增权。划分不同行为主体的职责与权限，接受软法制度安排的约束，认定行为主体需要担负的责任以及对受害者的赔偿等，十分必要。

6.2.4 预算、人事和法律准则维护控制系统

除公共部门内部实施改革外，政治系统也开始着手撤销内部管制。这种放松管制的做法减少了采购、人事管理与预算等领域的大量规则。具体来看，在公共预算改革方面，普遍倾向于赋予管理者更大的预算决定权。例如，总额预算为管理者提供了一个预算总额上限，管理者可以在法律允许的范围内自由地使用这些资金，从而更好地运作项目。合同外包和网络的使用也赋予了管理者更多的自由。负责审查合同和维护合作伙伴关系的管理者被赋予了更大的自由活动空间，从而能有效地应对复杂的治理环境。虽然给予了管理者必要的自由裁量权，但是为确保对公共部门活动的监管，保留一些基本的控制十分必要。因此，依赖相对简单的工具或指标对于元治理而言至关重要。同时，较之于更直接的控制工具而言，破坏性也更小。

虽然预算控制可能是元治理最有效的手段，但是控制系统的其他基本输入也可以达到同样目的。例如，对人事分配的控制也是一种对单个组织进行控制的简单手段，尽管元治理情境下的人事控制不如由专职的公务人员对公共部门进行的人事控制那么直接。对次级立法的控制也可以作为控制自治的公共组织的有效手段，尽管这些手段相对于网络或其他分权化的公共治理方式来说并不那么有效。

◆ **本章小结**

本章结合元治理等相关理论，对流域水环境治理政策工具框架进行搭建，对已实施的政策进行了综合评价，并得出结论：政府直接调整行为对应的政策工具的效能远比其他行为对应的政策工具效能强，其中，产业策略调整效果最强。元治理的核心要素为"掌舵、效益、资源、民主、责任和合法性"，可通过有效的设计与管理，实现流域水环境治理共振。未来，在进行流域水环境治理时，应做到战略管理引领治理方向、绩效管理提高组织责任，实施软法使治理重回现代性，通过预算、人事和法律准则维护控制系统。

◆ **结论与展望**

元治理，"对治理的治理"，是为了应对科层机制、市场机制和网络机制失灵的风险，反思"去中心化"，由政府扮演"元治理者"角色，通过直接干预和间接影响，构建治理政策工具框架，确立统一的治理目标，协调治理主体间的关系，促进治理模式的融合，实现治理的一致性、有效性、长期性和稳定性的一种治理模式。

总之，本书基于研究问题，制订研究计划，对完善元治理理论与解决流域水环境治理问题做出了一定贡献。理论意义在于构建了元治理的理论分析框架，有助于推进包括流域水环境治理问题在内的相关研究。这个框架包括"结果"和"过程"的元治理、"元治理者"的确定、元治理政策工具框架搭建。"结果"的元治理对应科层机制、市场机制和网络机制的整合，"过程"的元治理反思"去中心化"，确定"元治理者"并将其置于责任中心位置，用具体的元治理政策工具解决元问题。现实的意义主要体现在以下几个方面。

一、进行流域水环境元治理必要且可行

对流域水环境进行元治理必要且可行。一是流域水环境问题具有复杂性、公共性、流动性等特点，单一的治理机制无法应对。二是政府作为经济与社会发展的主导，强调政府作为"同辈中的长者"的元治理更适用于中国国情。三是流域水环境治理已进入多元共治时代，可能会出现各部门责任边界模糊、义务不明，职能越位、错位、缺位等问题。元治理能够统筹治理权限，防患于未然。

从福特主义失败、福利国家危机唤醒的政治行政体系变革到"全球化""信息化"导致的多中心、分权化、公民参与的变革，政府不再是治理流域水环境这种准公共品的唯一主体，权力赋予大量的行为主体，包括但不限于公务人员和社会公众。随着时代发展，流域水环境问题的复杂性越发凸显，多方参与的网络治理与科层治理、市场治理一样遭遇低效，如因职责模糊和协作混乱导致的无效率集体决策。一旦网络治理无法化解网络世界中不同主体的矛盾冲突，网络治理即丧失效力。所有治理方式均存在失效的可能性，而各种治理方式的交融可能会引发矛盾、竞争或混乱，因而亟待制定一种能够彰显各种治理方式的优势、减小其消极影响的战略，这就需要运用元治理。

从传统公共行政到新公共管理，再到新公共治理，西方公共管理理论的中国适应性问题一直被热切讨论。元治理对"去中心化"的反思更适合中国当前的社会情况，政府权威在流域水环境治理中体现出不可抵挡的优势。本书以中国流域水环境治理为基础，探究元治理的适应性和有效性，摧动其与实践的结合以促成理论的蝶变。

二、元治理分析方式精准定位治理的元问题

流域水环境治理的元问题主要表现在两个层面：一个层面是公用资源池视角下无明确产权边界引致的成本—效用错配；另一个层面是多重委托—代理框架下的激励冲突。在第一个层面，成本和效用都没有被清晰地

度量，行政边界割裂效应明显。在第二个层面，纵向上"自上而下"的动员式资源配置模式，往往为地方创设了大量财政支出义务，这样的安排不可持续；横向上财政分权带来的地方政府竞争恶化了资源的配置和使用，加剧了公用资源池矛盾。在政府内部，环境保护目标和财政收支目标存在冲突，缺乏"公共池塘治理"的协商机制和路径。

流域水环境中的元问题说明了让"元治理者"政府回归治理责任中心的必要性，这源自政府在决策制定、参与、协调和问责四个方面的优势，其更有力量解决当前的元问题。政府通过正式权威的强制力培育多主体之间的信任、进行更有效的协同，从而达到"1+1＞2"的效果。政府在协调过程中提供其独有的资源、制定治理的核心准则，从而保证了各种治理体制的共存。

三、元治理政策工具保障元问题的有效解决

流域水环境治理元问题的最终解决需要"元治理者"实施具体的政策工具。基于流域水环境治理的特性，找到既能实现有效控制和引导，又能使管理对象保留对活动的自我决定权的元治理工具十分重要。"战略管理""绩效管理""软法""预算、人事和法律准则"四个元治理工具对流域水环境元治理十分重要。

当然，由于国家本身存在的悖论，元治理同样存在失效的问题。元治理的难点在于在不影响地方的前提下实现流域水环境治理的自主性，因此容易出现管控不力或过紧的问题。管控过于宽松易使流域水环境治理出现碎片化，管控过于严格又会降低流域水环境治理主体的能动性。在流域水环境元治理过程中，对于元治理主体的信息化交流、信任巩固、协调、战略、动员及平衡等能力提出了较高的要求。接受不完全和失灵是社会生活的基本状态，理论的发展需逐步修正。在流域水环境元治理过程中，在将复杂性问题简单细化的同时坚持以复杂性研究复杂性，通过"柔和"与"均衡"的治理理念，协调治理体系中不同主体的权力分配，寻求权威和

多核心、自治和管控、"强硬"与"柔和"的对立统一。

　　综上所述，本书沿着是什么、为什么、怎么办的研究脉络，将流域水环境治理置于元治理视角下进行分析。在解决问题的过程中，实现了两大创新：一是搭建了元治理理论分析框架；二是对元治理在流域水环境治理中的作用进行了实证检验。但是理论的完善并非一朝一夕之功，流域水环境治理是一项系统工程，并不是一本书可以承载的，这是本书的不足之处。在实证效果分析中，本书仅选择了 6 年数据，且不能代表全国，实证验证存在偏差。此外，一些数据在获取上有一定难度，因此实证研究不够详细、全面。在未来的研究中，我们可以通过扎根理论等对数据进行完善。

参 考 文 献

[1] ABBAS Z. BAFARASAT. Mela-gorernance and soft projects: a hypothetical model for regional policy integration [J]. Land Use Policy, 2016 (59): 243-265.

[2] AKIKO YAMAMOTO. The governance of water: an institutional approach to water resource management [D]. Baltimore: The Johns Hopkins University, 2002.

[3] ANNETTE A. THUESEN. Experiencing multi-level meta-governance [J]. Local Govemment Studies, 2013, 39(4): 597-611.

[4] ANN O. M. BOWMAN. Intergovernmental and intersectoral tensions in environmental policy implementation: the case of hazardous waste [J]. Policy Studies Review, 1984, 4(2): 155-178.

[5] BEN SURRIDGE, BOB HARRIS. Science-driven integrated river basin management: a mirage? [J]. Interdisciplinary Science Reviews, 2007, 32 (3): 317-343.

[6] BELL STEPHEN, ALEX HINDMOOR. Rethinking governance: the centrality of the state in modern society [M]. Cambridge: Cambridge University Press, 2009.

[7] BOB JESSOP. Interpretive sociology and the dialectic of structure and agency [J]. Theory of Culture Sociey, 1996, 13(1): 119-128.

[8] BOB JESSOP. Therise of governance and the risks of failure: the case of economic development [J]. International Social Science Journal, 1998, 155

(50): 29-45.

[9]BOB JESSOP. The future of the capitalist state[M]. Cambridge: Polity Press, 2002.

[10] BOB JESSOP. Gorermance and meta-governance: on reflexivity, requisite variety and requisite irony[M]. Manchester: Manchester University Press, 2003.

[11] BOB JESSOP. State power: a strategic - relational approach [M]. Cambridge: Polity Press, 2007.

[12] BOUDEWIJN DERKXA, PIETER GLASBERGENB. Elaborating global private meta-governance: an inventory in the realm of voluntary sustainability standards[J]. Global Environmental Change, 2014, 27(1): 38-52.

[13] BRYAN T. DOWNES. Politics, change, and the urban crisis [M]. Belmont: Duxbury Press, 1976.

[14] CCICED. Task force on integrated river basin management, lessons learned for integrated river basin management, proceedings of international symposium on integrated river basin management[M]. Beijing: China Environmental Science Press, 2005.

[15]DULAL H B, FOAR, KNOWLES S. Social capital and cross-country environmental performance[J]. The Journal of Environment Development, 2011, 20(2): 121-144.

[16]DORORTHY L. BARTON. Core capabilities and core rigidities: a paradox in managing new product development[J]. Strategic Management Journal, 1992(13): 111-125.

[17]ERIK-HANS KLIJN. Governing networks in the hollow state: contracting-out, process management or a combination of the two[J]. Public Management Review, 2002, 4(2): 149-166.

[18]EVA SPRENSEN. Meta-governance: the changing role of politicians in processes of democratic governance[J]. American Review of Public Adminis-

tration，2006，36(1)：98-111.

[19]EVA SPRENSEN，JACOB TORFING. Theories of democratic network govemance[M]. Basingstoke：Palgrave Macmillan，2007.

[20]EVA SPRENSEN et al. Emerging theoretical undersandings of pluricentric coordination in public governance[J]. American Review of Public Administration，2011，41(4)：362-387.

[21] GABRIELLE J. ALAERTS. Institutions for river basin management：the role of external support agencies (international donors) in developing cooperative arrangements[J]. A paper for the International Bank for Reconstruction，1999，13(2)：108-113.

[22]GEORGE H. FREDERICKSON，KEVIN B. SMITH. The public administration primer[M]. Boulder：Westview Press，2003.

[23]GILLES PAQUET. Governance through social learning[M]. Ottawa：University of Ottawa Press，1999.

[24] GORDON MACLEOD，MARK GOODWIN. Reconstructing anurban and regional political economy[J]. Political Geography，1999，18(6)：708-723.

[25]GORDON WHITE. Prospects for civil society in China：a case study of Xiaoshan city[J]. Australian of Chinese Affairs，1993(29)：63-87.

[26]HARVEY LIEBER，BRUCE ROSINOFF. Evaluating the state's role in water pollution control[J]. A draft paper of the study "Federalism and Clean Water"，1975，21(2)：65-72.

[27]JAMES A. CHANDLER. Public administration：a discipline in decline[J]. Teaching Public Administration，1991(9)：39-45.

[28]JEFF MALPAS，GARY WICKHAM. Governance andfailure：on the limits of sociology[J]. Journal of Sociology，1995，31(3)：40-69.

[29] JOHN ALFORD，OWEN HUGHES. Public value pragmatism as the

next phase of public management[J]. American Review of Public Adnimistration, 2008, 36(2): 130-148.

[30]JOHN H. DALES. Land, water and ownership[J]. Canada Journal of Economics, 1968, 1(4): 791-804.

[31]JOHN LOGAN et al. An analysis of the economics of waste water treatment[J]. Journal of Water Pollution Control Assessment, 1962(5): 860-882.

[32]KARIN E. KEMPER et al. Integrated river basin management through decentralization[M]. Berlin: Springer-Verlag Berlin Heidelberg, 2007.

[33] KATHARINE DOMMETT, MATHEW FLINDERS. Thecentre strikes back: meta-governance, delegation, and the core execuive in the United Kingdom[J]. Public Administration, 2015, 93(1): 3.

[34] LARS A. ENGBERG, JACOB N. LARSEN. Context-orientated meta-governance in Danish urban regeneration[J]. Planning Theory & Practice, 2010, 11(4): 548-557.

[35] LES METCALFE, SUE RICHARDS. Improving public management [J]. Teaching Public Administration, 1991(11): 72-73.

[36]MANDY LAU. Sectoral integration and meta-governance: lessons beyond the "Spatial Planning" agenda in England[J]. Town Planning Review, 2014, 85(5): 614-626.

[37]MARC J. ROBERTS, RIVER BASIN. Authorities: a national solution to water pollution[J]. Harvard Law Review, 1970(83): 1527-1556.

[38]MICHAEL KULL. Local governance, decentralization and participation: meta-governance perspectives[J]. Haldus Kultuur, 2013, 14(1): 4-5.

[39] MICHAEL TALYOR. The possibility of cooperation[M]. New York: Cambridge University Press, 1987.

[40]MEULEMAN L. Public management and the metagovernance of hierarchise[M]. Networks and Markets, Heidelberg: Physica, 2008.

［41］NICHOLAS P. LOVRICH JR et al. Water pollution control in democratic societies: a cross-national analysis of sources of public beliefs in Japan and the United States［J］. Policy Studies Review, 1985, 5(2): 233-262.

［42］NIGEL WATSON. Integrated river basin management: a case for collaboration［J］. River Basin Management, 2004, 2(4): 243-257.

［43］PARK SEUNG HO. Management an interorganizational network［J］. Organization Studies, 1996, 17(5): 35-42.

［44］PATRICK DUNLEAVY. Bureaucrats, budgets and the growth of the state［J］. British Journal of Political Science, 1985(15): 299-328.

［45］PAPYRAKIS E. Environmental performance in socially fragmented countries［J］. Environmental Resource Economics, 2013, 55(1): 119-140.

［46］R. A. W. RHODES. The new governance: governing without government［J］. Political Studies, 1996, 44(4): 652-667.

［47］ROD A. W. RHODES. Governance and public administration［M］. Oxford: Oxford University Press, 2000.

［48］ROW RHODES. Understanding governance［M］. Buckingham: Open University Press, 1997.

［49］SORENSEN, E. METAGOVERNANCE. The changing role of politicians in processesof democratic governance［J］. The American Review of Public Adminisration, 2006(36): 98-124.

［50］U. S. EPA Office of Water. A review of statewide watershed management approaches［M］. Washington DC: U. S. Environmental Protection Ageney, 2002.

［51］VAN DE VEN. Developmental processes of cooperative interorganizational relationships［J］. Academy of Management Review, 1994, 19(1): 90-108.

［52］WALTER KICKERT, ERIK H. KLIJN, JOOP KOPPENJAN. Managing complex network: strategies for the public sector［M］. London: Sage Publications，1998.

[53]WALTER POWELL. Neither market nor hierarchy［J］. The Sociology of Organizations：Classic，Contemporary，and Critical Readings，2003（315）：104-117.

[54]WHITEHEAD MARK. In the shadow of hierarchy：meta-governance，policy reform and urban regeneration in the West Midlands［J］. Area，2003，35（1）：6-14.

[55]WILLIAM G. OUCHI. Markets，bureaucracies and clans［J］. Administrative Science Quarterly，1979（25）：129-141.

[56]史蒂芬·奥斯本. 新公共治理——公共治理理论和实践方面的新观点［M］. 包国宪，等译. 北京：科学出版社，2016.

[57]埃莉诺·奥斯特罗姆. 公共事物的治理之道：集体行动制度的演进［M］. 余逊达，陈旭东，译. 上海：上海三联书店，2000.

[58]布莱克·拉特纳. 流域管理：东南亚大陆山区的生活和资源竞争［M］. 杨永平，等译. 昆明：云南科技出版社，2000.

[59]奥利弗·E. 威廉姆森. 反托拉斯经济学［M］. 张群群，黄涛，译. 北京：经济科学出版社，2000.

[60]B. 盖伊·彼得斯. 政府未来的治理模式［M］. 吴爱明，夏宏图，译. 北京：中国人民大学出版社，2017.

[61]查尔斯·沃尔夫. 市场或政府：权衡两种不完善的选择［M］. 谢旭，译. 北京：中国发展出版社，1994.

[62]道格拉斯·诺思. 经济史中的结构与变迁［M］. 陈郁，罗华平，等译. 上海：上海三联书店，上海人民出版社，1994.

[63]E. S. 萨瓦斯. 民营化与公私部门的伙伴关系［M］. 周志忍，等译. 北京：中国人民大学出版社，2002.

[64]费勒尔·海迪. 比较公共行政［M］. 刘俊生，译. 北京：中国人民大学出版社，2006.

[65]迈克尔·麦金尼斯.多中心治道与发展[M].毛寿龙,译.上海：上海三联书店,2000.

[66]尼古拉斯·亨利.公共行政学[M].项龙,译.北京：华夏出版社,2002.

[67]T.E.达文波特.合作组织在美国流域管理中的作用[J].水利水电快报,2005(23)：6-8,12.

[68]毕亮亮."多源流框架"对中国政策过程的解释力：以江浙跨行政区水污染防治合作的政策过程为例[J].公共管理学报,2007(2)：36-41,123.

[69]蔡英辉,周义程.关于中国地方政府之间争议的成因及其排解[J].四川行政学院学报,2006(3)：30-32.

[70]陈刚,李树.政府如何能够让人幸福？——政府质量影响居民幸福感的实证研究[J].管理世界,2012(8)：55-67.

[71]陈思模.国外一些河流和流域水污染防治与管理的主要经验[J].水利科技,1999(2)：6-9.

[72]陈晓宏,江涛.水环境评价和规划[M].广州：中山大学出版社,2001.

[73]陈宜瑜,等.中国流域综合管理战略研究[M].北京：科学出版社,2007.

[74]戴维·毕瑟姆.官僚制(第二版)[M].韩志明,张毅,译.长春：吉林人民出版社,2005.

[75]柯武钢,史漫飞.制度经济学：社会秩序与公共政策[M].韩朝华,译.北京：商务印书馆,2003.

[76]杜梅,马中.流域水环境保护管理存在的问题及对策[J].社会科学家,2005(2)：55-57,61.

[77]樊纲,王小鲁,朱恒鹏.中国市场化指数：各地区市场化相对进程2011年报告[R].北京：经济科学出版社,2011.

[78]费孝通．乡土中国[M]．上海：上海三联书店，1985．

[79]高升荣．水环境与农业水资源利用[D]．西安：陕西师范大学，2006．

[80]郭永园，彭福扬．元治理：现代国家治理体系的理论参照[J]．湖南大学学报(社会科学版)，2015，29(2)：105-109．

[81]韩晶．基于"大部制"的流域管理体制研究[J]．生态经济，2008(10)：154-157．

[82]韩瑞波．城市社区治理运作机制探析：基于元治理理论的考察[J]．武汉理工大学学报(社会科学版)，2017，30(1)：101-108．

[83]贺伟程．论区域水资源的基本概念和定量方法[J]．海河水利，1983(1)：47-54．

[84]何显明．市场化进程中的地方政府角色行为模式及其变迁：浙江现象的行政学解读[J]．浙江社会科学，2007(4)：43-48．

[85]胡逢清．"乡土意识"与新桂系[J]．南昌大学学报，1990(3)：53-57．

[86]胡熠．流域水污染网络治理机制研究[D]．广州：中山大学，2006．

[87]胡熠，陈瑞莲．发达国家的流域水污染公共治理机制及其启示[J]．天津行政学院学报，2006(1)：37-40．

[88]胡熠．我国流域区际生态利益协调机制创新的目标模式[J]．中国行政管理，2013(6)：78-82．

[89]黄仁宇．赫逊河畔谈中国历史[M]．上海：生活·读书·新知三联书店，1997．

[90]J. 罗杰斯·霍林斯沃斯，罗伯特·博耶．当代资本主义：制度的移植[M]．许耀桐，等译．重庆：重庆出版社，2001．

[91]李广斌，王勇，谷人旭，等．由冲突到合作：长三角区域协调路径思考[J]．江淮论坛，2008(4)：5-11．

[92]李剑．地方政府创新中的"治理"与"元治理"[J]．厦门大学学报

（哲学社会科学版），2015（3）：128-134.

　　［93］李启家，姚似锦．流域管理体制的构建与运行［J］．环境保护，2002（10）：8-11.

　　［94］梁莹，肖其明．社会资本与政策执行关系之研究［J］．东南学术，2005（5）：71-79.

　　［95］刘国光．不宽松的现实和宽松的现实：双重体制下的宏观经济管理［M］．上海：上海人民出版社，1991.

　　［96］刘祖云．政府间关系：合作博弈与府际治理［J］．学海，2007（1）：79-87.

　　［97］刘祖云，李烊．元治理视角下"过渡型社区"治理的结构与策略［J］．社会科学，2017（1）：11-20.

　　［98］刘一丹．"等级统治的影响"：元治理下的治理网络建立［J］．北方经贸，2017（2）：17-22.

　　［99］卢林．民主决策和科学决策是不可兼得的［J］．政治学研究，1989（6）：37-39.

　　［100］罗必良．制度经济学［M］．太原：山西经济出版社，2005.

　　［101］罗伯特·达尔．现代政治分析［M］．王沪宁，陈峰，译．上海：上海译文出版社，1987.

　　［102］罗纳德·哈里·科斯．论生产的制度结构［M］．盛洪，陈郁，译．上海：上海三联书店，1994.

　　［103］马克斯·韦伯．经济与社会（上卷）［M］．林荣远，译．北京：商务印书馆，2004.

　　［104］彭静，等．广义水环境承载理论与评价方法［M］．北京：中国水利水电出版社，2006.

　　［105］祁毓，卢洪友，吕翅怡．社会资本、制度环境与环境治理绩效：来自中国地级及以上城市的经验证据［J］．中国人口·资源与环境，2015，25（12）：45-52.

［106］施德鸿．华北地区地下水资源的开发利用及其管理："六五"（1984—1987）国家重点科技攻关第 38 项成果简介［J］．地球科学进展，1990(4)：80-81．

［107］孙珠峰，胡近．"元治理"理论研究：内涵、工具与评价［J］．上海交通大学学报(哲学社会科学版)，2016，24(3)：45-50．

［108］唐任伍，唐天伟．2017 中国地方政府效率研究报告前言［R］//2017 中国地方政府效率研究报告，2017．

［109］陶传进．经济领域中政府权力向社会转移的格局［J］．中国行政管理，2003(3)：24-25．

［110］唐任伍，李澄．元治理视阈下中国环境治理的策略选择［J］．中国人口・资源与环境，2014，24(2)：18-22．

［111］唐任伍，马宁，刘洋．中国政府机构改革：元问题、元动力与元治理［J］．中国行政管理，2018(11)：21-27．

［112］汪达．世界水资源保护管理体制的发展趋势［J］．资源开发与保护，1990(4)：265-267．

［113］王树义．流域管理体制研究［J］．长江流域资源与环境，2000(4)：419-423．

［114］王灿发．跨行政区水环境管理立法研究［J］．现代法学，2005(5)：130-140．

［115］王亚华．水权解释［M］．上海：上海三联书店，2005．

［116］王诗宗．治理理论及其中国适用性：基于公共行政学的视角［D］．杭州：浙江大学，2009．

［117］吴昕春．治理的层次及其基本内容［J］．安徽师范大学学报(人文社会科学版)，2003(3)：315-320．

［118］谢庆奎．中国政府的府际关系研究［J］．北京大学学报(哲学社会科学版)，2000(1)：26-34．

［119］熊节春，陶学荣．公共事务管理中政府"元治理"的内涵及其启

示[J]．江西社会科学，2011，31(8)：232-236.

[120]熊向阳．建立流域管理与行政区域管理相结合的水资源管理体制的相关问题探讨[J]．水利发展研究，2006(6)：4-9.

[121]徐越倩．治理的兴起与国家角色的转型[D]．杭州：浙江大学，2009.

[122]颜佳华，易承志．转型期中央与地方关系的困境及其对策[J]．湖南社会科学，2004(6)：50-53.

[123]叶必丰，何渊，李煜兴，等．行政协议——区域政府间合作机制研究[M]．北京：法律出版社，2010.

[124]阿瑟·刘易斯．经济增长理论[M]．梁小民，译．上海：上海三联书店，1990.

[125]曾思育，傅国伟．中国水资源管理问题分析与集成化水管理模式的推行[J]．水科学进展，2001(1)：81-86.

[126]曾思育，傅国伟．水资源的系统性及其集成化管理模式[J]．中国人口·资源与环境，2000(S1)：132-133.

[127]曾维华．流域水资源冲突管理研究[J]．上海环境科学，2002(10)：600-602，644.

[128]曾维华，程声通，杨志峰．流域水资源集成管理[J]．中国环境科学，2001(2)：173-176.

[129]詹姆斯·N.罗西瑙．没有政府的治理：世界政治中的秩序与变革[M]．张胜军，刘小林，等译．南昌：江西人民出版社，2001.

[130]张海洋，李永洪．元治理与推进中国国家治理能力现代化的耦合逻辑及实现理路[J]．理论导刊，2016(9)：13-17.

[131]张继亮．国家的元治理问题[J]．领导科学，2018(18)：20.

[132]张继亮．元治理：为何以及如何将国家带回到治理中来[J]．国外理论动态，2018(1)：91-99.

[133]张紧跟．当代中国地方政府间横向关系协调研究[M]．北京：中

国社会科学出版社，2006.

[134]张庆丰．流域水环境管理模式及其支持系统[J]．环境保护，1997(1)：2-6.

[135]中国科学院可持续发展战略研究组．2007 中国可持续发展战略报告——水：治理与创新[R]．北京：科学出版社，2007.

[136]周黎安．晋升和财政刺激：中国地方官员的激励研究[R]．北京：北京大学国际经济研究中心，2002.

[137]周黎安．晋升博弈中政府官员的激励与合作：兼论我国地方保护主义和重复建设问题长期存在的原因[J]．经济研究，2004(6)：33-40.

[138]周黎安．中国地方官员的晋升锦标赛模式研究[J]．经济研究，2007(7)：36-50.